大是文化

德國製造的細節與德式幸福的祕訣——

德國人沒那麼愛工作

高效率的思維，竟是從
「我今年要何時休長假」開始規畫……。

ドイツではそんなに働かない

德國老字號私人銀行邁世勒銀行
第一位日本員工，在德國工作 20 年
隅田貫——著
黃立萍——譯

Contents

推薦序一　德國人的完美主義，建立在「務實」上／胡蕙寧　009

推薦序二　德國人真的沒那麼愛工作！　013

這是他們節省工時的祕訣／琵雅諾

前　言　我在三百年老字號德國銀行學到的事　017

序　章　重視勞工權益，而非消費者至上　021

1 工時比一比，德國人沒那麼愛工作　022

2 不勉強但也不敷衍，造就眾多世界品牌　025

3 搞懂工作的優先順序，拖延就不是病　030

4 沒有任何職業會覺得自己低人一等　034

第一章 有關小狗和孩子的教育，都交給德國人吧 039
1 有一種服務，叫請自行隨機應變 040
2 只要你夠優秀，完成工作的方式不只一種 045
3 主管不在，部屬會說：「今天就由我來決定」 049
4 團隊精神？德國人是這樣解讀的 054
5 自家庭院草太長，德國鄰居會「關心」 058
6 這裡的聖誕夜，沒有人在路上逛街 061
7 孩子十歲就要大致決定未來出路 064
8 父母很嚴格，親子關係卻不冰冷 068
9 用高價買好東西，不需要的東西就不買 071
10 德國父親請育嬰假的比例，高達三五·八% 074

第二章 工作上，不做無謂的報告、聯絡、商量　079

1 效率，從每天說早安開始　080
2 德國人很常說：「真的有需要這樣做嗎？」　083
3 不過度揣測，不知道就說不知道　088
4 主管指示明確，不讓部屬猜　092
5 不用寄副本給主管也可以　094
6 規則如果不適用，就改變規則　097
7 「我們見面談吧」，不依賴電子郵件　101
8 會議中，全員發言是鐵律　104
9 我和德國同事的午餐外交　107
10 就算職階有落差，大家照樣平等往來　113
11 對方說話時，絕對不能打斷　116

第三章 所有公司都嚴守開始和結束營業的時間 119

1 「我很忙，無法參加」，這藉口德國人不會接受 120
2 努力加班求表現？同事會說你工作方式有問題 124
3 電子郵件上從不出現多餘的字 128
4 我在德國主管桌上看到的格言：摘下當天的花吧 130
5 他們真的有「把時間換成金錢」的制度 133
6 國家級「安靜時間」，一天兩時段 137
7 臨時指派工作給部屬，他竟回我：「我沒時間」 141
8 休長假時，設定自動回覆郵件功能（我不在辦公室） 145
9 年度計畫，從「我何時該休長假」開始安排 149

第四章

我那群嚴謹的同事教會我的事　155

1 不因想升遷，特別顧慮主管感受　156
2 我順手幫祕書拿信，她卻氣我越權？　160
3 不搞集體決策，自己的工作自己負責　163
4 不隱瞞壞消息，越糟糕的資訊，越要公開　166
5 「因為以前都這樣做」，德國人絕不接受這種理由　168
6 資訊全體共享，降低找資料的時間　170
7 不退縮，反覆問到明白為止　173
8 祕書不是助理，是戰友　176
9 「週五下午五點在公司喝紅酒」的理由　178
10 週末和客戶打高爾夫球？沒這回事　181

第五章　休息，是為了有更好的表現　183

1 辦公室有張表，記錄所有員工的請假計畫　184
2 上班上到想睡覺，就出去散散步　190
3 同事桌上的必備小物：家人照片　194
4 日本人喜歡收納，德國人熱愛整理　196
5 擁有「您先請」的從容不迫　199
6 別人是別人，自己是自己　203
7 六十歲前就開始準備退休　206
8 任何人都能仿效的德國高效工作術　209

第六章　德式遠距工作現狀　217
1　用誇張表情傳達肯定訊號　218
2　一週安排一小時，全公司在線上亂聊　222
3　除了重要會議，孩子出現在鏡頭前也無妨　226
4　主管的指示變得更加周到而細膩　228
5　疫情後，預計有二七％的人選擇偶爾在家工作　231
結　語　獨自幸福的時代，德國人早就辦到了　237

推薦序一
德國人的完美主義，建立在「務實」上

德國媳婦兼駐歐特約記者／胡蕙寧

從留學、打工到當德國媳婦，我跟德國人的緣分甚至跨越世紀，心得多到寫新聞又寫書，且現在每天說德語的日子還在持續中。

如果要用兩個字來形容德國人，我的親身體驗是「**務實**」。務實到廢話少說、計畫擬好就行動、沒把握的事情別做、權利義務搞清楚、公私分明不互擾、沒錯別說抱歉當禮貌……他們的人生哲學明顯又獨特，即使世代傳承中會產生時代性的演變，但跟非日耳曼民族比起來就是不一樣。要跟他們打交道，以其人之道，還治其人之身，尤其重要。

德國人的務實讓他們很重視實力，我發現，只要在他們面前開口說德語，不論是到政府單位或民間溝通，對方通常眼睛一亮，事情處理起來馬上順利許多。

因為會說他們的語言，能在德國人心中的實力表中，帶來加分效果。

這個態度在工作場合上，更是表露無遺，例如：開會要言之有物、計畫定了就要實行、法定假期就是要休假、訂法規就是用來遵守。即使德國人相較於其他種族偏向完美主義，**但他們的完美主義也是建立在務實上**，這是一種能力可及的相對完美，不是理想國中的絕對完美。德國人的務實也應用在花錢的行為上，他們該省的絕對省，不過該花時也一定花，尤其是涉及品質的花費，絕對不會省。

幫人亦是如此。一位身材矮小的女性朋友曾向我抱怨，她去德國玩時，拖著超重的行李上上下下，沒遇到任何路人伸手幫忙；但她到法國旅遊時，總是有路人問：「需要幫忙嗎？」我笑著回她，在德國，若需要幫忙時得開口，因為直腸子的德國人不太敢也不會猜他人的心思，他們會尊重你的實力，免得幫到不想被幫的人，好像顯得低估對方。

有次冬天，我跟德國同事一起吃完飯後要離開餐廳，一位新進的男同事幫隔座女同事拿起大衣，禮貌性的要替她披上，女同事很正經的回說：「這種事我自己會做，不必麻煩你！」那位男同事當場臉紅，尷尬的站在一旁，讓我再次見識到另種德國風情。在德國，多禮不見得會被接受，我猜這位男同事以後一定不敢隨便幫女同事。

另外，務實的態度也顯露在德國人的生活中。我當了超過二十年的德國媳婦，如果看到婆婆對某件事皺眉頭，接下來百分之百會聽到負評：「做得不夠徹底！」對他們來說，如果不徹底做某件事，何必浪費力氣做？甚至連發脾氣跟講道理都要徹底。有時這對其他民族來說可能太超過，但你很難說服德國人降低標準來適應你。

德國人注重自理與自信的養成教育不但完全展現在工作環境中，也表現在待人處事上。當德國人認為自己是對的，就會勇於指正他人的錯誤，理直氣壯時，甚至到得理不饒人的地步。所以面對德國人，如果你認為自己有憑有理，千萬不可讓步，否則德國人會馬上覺得你認錯、認輸。德國人的務實更擴展到全體性，不過一不小心，就可能變成自以為是的正義魔人。對於不是在那個國家長大的外國人來說，一開始的震驚、磨合是必經之道。

研究德國人，有著人類學、社會學、基因學、職場學……上的各種樂趣。這本書帶領你進入另一個視角去觀察德國人，請好好開閱享用。

推薦序二

德國人真的沒那麼愛工作！這是他們節省工時的祕訣

歐洲旅遊作家／琵雅諾

德國人過完聖誕、新年假期後，回到工作崗位的第一件事，不是擬定工作的年度計畫，而是把年曆打開，開始協調休假的日期。他們喜歡「超前部署」，安排休假也是。德國人認為，天大地大休假最大，二十四至三十天的年假必定休好休滿，休得理直氣壯，且休假時聯絡不到當事人，就好像失聯一樣。但令人羨慕的是，**沒有任何一個同事會抱怨**。

在亞洲，大家相信勤奮努力才會換來成功。於是，愛拚才會贏、高工時，成為邁向成功的必經之路；身為歐洲經濟龍頭的德國，卻恰恰相反——我在德國的上班時間是下午一點到六點，而每週五進公司時，總會被近乎全空的地下停車場嚇到。平時要多繞幾圈才找得到停車位，但在週五時，位子卻是任君挑選。且不只是我任職的公司，同一園區的其他企業也一樣，週五下午唱空城計，大家能多早走就多早走。

然而，德國人不是愛偷懶，而是非常珍惜個人的生活。正因如此，他們會計較上班時間，是否符合自己的生活規畫。舉例而言，有些人須早起送小孩上學，對他們來說，早進辦公室、早點下班最好；夜貓子則喜歡晚一點進公司、晚點下班。大多數人喜歡週末放假長一點，於是週一到週四多上點班，換取週五早點下班，是大家都知道的潛規則。週五的交通尖峰時段，從下午兩、三點開始，就能看出德國人有多重視私人的時間。

不僅如此，在德國，頻繁的加班不代表你工作認真、值得表揚；反而讓人懷疑你的工作能力——為何無法在上班時間內完成分內的工作？不加班在我們的文化裡是天方夜譚，但如同作者在書中所言，德國的職場重視有效管理時間、有效溝通、團隊組織的有效互動……進而節省工時，是值得我們學習的地方。

旅居德國的幾年間，我觀察到，德國人將秩序、規則奉為圭臬，儼然是歐洲的日本翻版；加上我居住的城市杜塞道夫（Düsseldorf），是全歐洲日本人最多的城市，所以我理所當然的認為，日本人到德國是如魚得水。但作者在德國工作二十年的經驗，打破了我的成見。閱讀過本書後才知道，德國、日本在許多工作文化、程序和細節裡，還是大不相同。

例如，德國人有話直說，讓許多問題能立刻解決，也減少不必要的揣測，少走冤枉路；但日本文化推崇「揣測別人的心意」，在別人沒開口時想到且做到，才是一級棒的員工。殊不知，上下交相賊的過程中，浪費了多少時間和精力，間接影響了工作效率。深受日本文化影響的臺灣，對這場景應該不陌生。

本書不只適合對德國職場、文化有興趣的讀者，書中的觀察心得，對管理階層更受用。誠摯推薦！

前言
我在三百年老字號德國銀行學到的事

從一九八五年至今，我前後加起來在德國生活了二十年，並且和德國人一同工作。

在某些意義上，德國和日本是十分相近的國家——地理上彼此的距離雖然多達一萬公里，但國土面積幾乎相同，就連GDP（國內生產毛額）也相距不遠，二〇一九年世界排名中，日本排名第三，而德國排名第四，許多特質都可說是不分軒輊。不僅如此，兩國同樣身為第二次世界大戰的戰敗國，都是從野火燒盡的荒原狀態中重新開始，同樣拚命的讓經濟復甦。

但是，兩國之間當然也有差異。尤其是我待在德國的這二十年間，日本和德國的差異已經越來越大。德國這個國家的實力，已經變得更強了。

從兩國的調查資料來觀察，我們就能看出端倪。

舉個例子，我們可以參考與生產力相關的指標。據OECD（經濟合作暨發展組織）的調查顯示，德國平均每小時的勞動生產力為六十六・三六美元（按：依二〇二二年三月初匯率計算，一美元約等於新臺幣二十八・三二元），日本則是四十六・七八美元（二〇一九年／取自OECD數據〔OECD Data〕）。只看這項資料雖然無法一概而論，但如果單純比較這兩個數字，**德國的生產力是日本的一・四倍以上**。

此外，若比較兩國的每人年均工作時數，日本是一千六百八十個小時，德國則是一千三百六十三個小時（二〇一八年／取自《數據手冊國際勞動比較二〇一九》一書）。

（按：根據行政院主計總處資料顯示，二〇一九年臺灣全體產業每工時產出為新臺幣七百三十・三五元，約等於二十五・七九美元；勞動部國際勞動統計資料顯示，二〇一八年臺灣平均工時為兩千零三十三個小時，幾乎是德國人的一・五倍。）

德國人通常怎麼看待工作？若要舉幾個象徵性的例子，就包含以下幾點：

- 每年休假五至六週。
- 每天加班時數有限。
- 每天做完該做的工作後就迅速返家，與家人共進晚餐。

為什麼他們的工作時數比日本人少這麼多，還能做出一定的成果？

不僅是因為德國主張國家要戰略性的培育產業的國際競爭力，還有，德國人其實更懂得適可而止，也就是他們**抱持著不追求完美的態度**。舉例來說，德國的地鐵不一定會準時發車，郵件也不一定準時送達。

相關實例我會在本書中介紹，不過簡而言之，**德國人並非總是追求一百分，而是依據情況行事，有時做到七十分也可以**——正是這樣張弛有度的彈性，為他們帶來效率。

我曾前後三次在德國法蘭克福工作，後來在二〇〇五年，開始任職於德國當地的老字號私人銀行——邁世勒集團（Metzler Group），當時是以首位日本員工的身分，進入法蘭克福總公司。與德國人共事時，我有了許多發現、也感受到許多衝擊，在這些經驗當中，必定有許多值得你我借鏡的地方。

序　章

重視勞工權益，
而非消費者至上

1 工時比一比，德國人沒那麼愛工作

直到目前為止，我在德國生活、工作了大約二十年。我和一流的商務人士共事，也與德國的國民一同生活，對我的工作方式帶來了相當大的影響，透過這些經驗，我從中得到了啟發。

根據OECD二〇一八年的數據顯示，日本平均每人的總工作時數是一千六百八十小時。而德國是一千三百六十三小時，足足比日本少了三百一十七小時。如果用一天工作八小時來換算，日本平均每年比德國多工作了四十天左右（關於德國與日本、臺灣各數值比較，見左頁表格）。

但讀者也要留意，日本的「一千六百八十小時」，不包含加班卻沒領加班費的時間，是以一年工作天數為兩百四十五天（休假天數一百二十天）計算出來

德國與日本、臺灣各數值比較

	德國	日本	臺灣
國土面積（平方公里）2018年	357,582	377,974	36,197（2021年）
人口（百萬人）2019年	83.5	126.1	23.38（2021年）
GDP（百萬美元）2019年	3,861,124	5,081,770	611,336
人均GDP（美元）2019年	55,891	42,386	25,908
平均每小時勞動生產力（美元）2019年	66.36	46.78	25.79
平均每人全年總工作時數（小時）2018年	1,363	1,680	2,033
全年平均休假天數（天）2016年	141	138.2	無相關統計資料
勞動人口（千人）2018年	43,382	68,300	11,874

出處：自「世界統計2020」（日本總務省統計局）、「世界銀行數據」（THE WORLD BANK Data）、「OECD數據」、《數據手冊國際勞動比較2019》（日本獨立行政法人勞動政策研究、研修機構）中擷取資料製表而成。

按：臺灣資料為繁體中文版增補。取自行政院網站「中華民國重要統計數據一覽表」、行政院主計總處資料、勞動部國際勞動統計資料。

的，若以此數字來看，單日平均工作時數在七小時以下（一千六百八十小時÷兩百四十五天＝六．八六小時／天）。然而實際上，據說有許多人的年均工作時數超過三千小時。

不僅如此，二〇一九年的GDP世界排名中，日本位居世界第三，德國排名第四；但若以人均GDP來看，日本是全世界第二十四名，德國則是逆轉勝過日本，排名為第十名（二〇一九年／取自OECD數據）。換言之，日本的工作時數比德國還長，平均每人貢獻的GDP卻比較低。

我們和德國的差異究竟在哪裡？過去我總覺得，應該是對工作的思考方式、生活態度最為不同。

如今，在這個工作時數問題、提高生產力已成為全民課題的時代，我認為參考德國的經驗不會是徒勞無功，必然能對讀者帶來一些幫助。

2

不勉強但也不敷衍，造就眾多世界品牌

德國和日本有一些共同點：兩國都是戰敗國，戰敗後都以工業立國發展至今，也同樣以產品優良聞名。德國之所以能在歐盟獨占鰲頭，其中一個原因是相當講求製造的品質。

說到安全性受到世界信賴的汽車品牌，除了日本車外，**就非德國的賓士（Mercedes-Benz）、福斯（Volkswagen）、BMW、奧迪（Audi）等廠牌莫屬；萊卡（Leica）也是來自德國的相機製造商；家電品牌米勒（Miele）也很受歡迎，尤其吸塵器更是公認比日本製造的更加持久耐用；雙人牌（Zwilling J. A. Henckels）的刀具也有不少愛用者。**德國製品，給人一種外在簡約、品質堅實的印象。

德國以前使用的貨幣馬克曾是強勢貨幣（按：馬克原為德國的法定貨幣，直到一九九九年被歐元替換），而德國過去在這個基礎上，致力於在國際競爭中求勝，於是積極提升產品的品質。結果，德國成為了擁有強大經濟實力的國家。

日本並不亞於德國，同樣以產業立國。隨著戰後逐漸崛起，日本創造了經濟復甦奇蹟。之後，日本在日圓作為強勢貨幣的基礎上努力提升品質，也培養了國際競爭力，這一點和德國是相同的。

但時至今日，究竟為什麼兩國會產生前一節提到的差異？

關於德、日之間的差異，德國日本研究所的弗朗茲・華登貝格博士（Franz Waldenberger）曾發表以下的言論：

「德國和日本看待國民的思考方式並不相同。如果非要在勞工和消費者之間做出選擇，德國向來將國民視為勞工，並且側重勞工權利；日本則是將國民視為消費者，十分重視消費者的權利。」

在德國，人們重視勞工權益，所以假期天數不算少，一天工作時間也有嚴格的規定，因而徹底打造出一個利於勞工工作的國家。

然而，日本則是重視消費者的權利，「顧客是神」的想法已牢不可破，為了這些「神」，便利商店要二十四小時營業，在週末休息的店家簡直不像話；只要在網路上訂購商品，隔天讓消費者收到是天經地義……這些現象都已蔚為風潮。

順帶一提，「顧客是神」的想法之所以深植人心，據說是從已故歌手三波春夫的一句話流傳開來的。不過，其實當時三波春夫的意思是「我們必須把臺下的觀眾當作神，讓他們欣賞完美的表演」，所以「顧客是神」這句話和他本人的想法並不相同。

日本人深信必須盡力以更便宜的價格，提供精良的商品、優質的服務，這個理所當然的想法在心中根深柢固，因此也為提供服務的人們帶來了壓力。

此外，德國的勞動觀念也和日本不同。

日語的「打工」（アルバイト）一詞是來自德語（Arbeit），其實它真正的意思是「勞動」。「Arbeit」的語源是日耳曼語的「arba」，有家臣、奴隸之意。換言之，德國的勞動裡有「苦工」的含義。

在德語中，週一到五稱為「Arbeitstag」或「Werktage」，意思是「工作日」。在德國，基督宗教是主要宗教，週日是安息日，德國人在安息日完全不勞動，店家通常也不營業（週六提早結束營業）。

在日本，週一到五是「平日」，也就是平常的日子，假日則給人「特別」的感覺。對於一週工作五天、休息兩天的情況，日本人常會使用「週休二日」這樣的說法。也就是說，工作日是普通的日子，所以焦點放在週休幾天這件事上，因此，假日是特別的日子。

而德國人通常不說「週休二日」，若要刻意說明，則會用「Fünftagewoche」一詞，直譯就是「一週勞動五天」。也就是說，德國人的工作有其特殊意義，他們會著眼於「一週當中，有幾個特別的（工作的）日子」。

日本人普遍認為「勤奮是美德」，也會用「不勞動者，不得食」這樣的說法，可見工作被重視的程度之高。在日本，如果員工對老闆說「工作好辛苦」，說不定會得到這樣的回應：「既然辛苦，那就辭職啊？你不用勉強工作，我們公司想要的是積極工作的人。」在德國，如果覺得工作辛苦，應該有許多人會毫不猶豫的尋找下一份工作，不會勉強自己留任於現職。不過，德國人不會用敷衍的態度面對工作。

在和德國人共事二十年的經驗中，我深感到他們不會勉強自己過度工作——他們會致力於完成自己的任務（被分配的工作），**但不會刻意勉強自己做得更多**。

我在進入邁世勒的法蘭克福總公司的第一天，就經歷到德國工作方式的洗禮：邁世勒員工進公司的時間普遍是早上九點，但即使有員工過了九點才進公司，也不會有任何人責備。而且就算過了九點，他們依然會悠哉的泡杯咖啡，或是和同事彼此閒聊，然後才開始工作。而且過了晚上六點，所有人會迅速的互道「明天見」後下班。就算有人難得加班，辦公室也會在七點半左右就成了空城。

如果在日本，新人在上班時間前三十分鐘進公司打掃、準備茶水，可說是家常便飯。即使是資深員工，也會在十分鐘前走進辦公室，做好各種準備，以便能在九點時開始工作。沒有任何新人會剛好在九點進公司。

不僅如此，到了下班時間，即使自己的工作做完了，如果身邊的同事還在工作，辦公室裡就會產生一種很難下班的氛圍。或許這個狀況現在比較少，不過，如果一個新人說出「我先走了」就打算回家，換來一句同事的「我說你啊，社會人士不該是這樣的吧？」也不算什麼稀奇的事。

然而，每天加班工作到很晚，難道不會感覺疲憊，導致生產力無法提升嗎？

3 搞懂工作的優先順序，拖延就不是病

在德國，週日、國定假日時，不僅一般企業會休假，就連超市、百貨公司、餐廳、藥局，通常也不營業。來到德國的日本人，一定都有過這樣的經驗：原本以為「就算餐廳不開，至少會有一間超市營業」，結果竟然所有的店家都沒開，實在令人不知所措。

雖然週日不開門，但店家在週六會營業，所以購物人潮會在此時湧上街頭。到週日，德國的路上就變得非常冷清，一開始我對這樣的落差感到非常驚訝。

德國的法律規定，店家在週日、國定假日都不能營業。相關法律是從戰後一九五七年開始實施，後來經過修訂，一九九六年將營業時間改為「週一至週五營業至晚上八點，週六營業至下午四點」。後來，也逐步修改營業時間，現在有

些超市會開到午夜十二點，機場和車站的商店、加油站等設施，也被允許在規定的時間以外營業。但目前還沒有二十四小時營業的便利商店。

或許你會認為「週日對店家來說是賺錢的好時機，不營業實在太可惜了」、「深夜時段也有消費需求」。在日本，人們會因應不同狀況，將午夜十二點（二十四點）之後稱為二十五點、二十六點。據說來到日本的外國人看到這種時間標示，都會感到一頭霧水，心想：「到底是怎麼一回事？」

日本某些店家三百六十五天、二十四小時都在營業，但這麼做，生產力究竟有沒有因此提高？明明不需要工作，人們卻在工作——這樣的狀況或許不少。

日本某家牛丼連鎖店就曾發生過這些案例：深夜時段僅有一名員工顧店，店員遭遇搶劫，或因業務繁重而逃走，結果導致店家無法營運，店家的風評也因此一落千丈。別說賺錢了，這對於企業來說也是一大打擊吧？勉強營業，也可能讓生產力下滑。

各位讀者應該都有這樣的經驗：有些工作其實不須當下處理，卻還是做了那項工作。

例如，假設你今天有十項工作要執行，但到了傍晚，主管突然對你說：「抱歉，可以麻煩你立刻幫我製作明天會議需要的資料嗎？」你的工作便增加了。在這種情況下，日本人會將這個緊急任務加入當天的待辦事項中，為了順利交差，還得努力加班。

德國人又是如何？以我的經驗來看，德國人會清楚區分工作的優先順序，順序較後面的工作會盡可能排到隔天之後再做。當然，假使一定要當天完成，他們也不排斥加班，但多半都還是有辦法隔天再處理。

換言之，**德國人都是正大光明的在拖延工作。或許是因為在他們的認知中，不太會為了工作犧牲自己的私人生活**。也就是說，德國人以生活為優先，致力於讓生活與工作取得平衡。

「如果拖延工作，明天之後的工作只會變多，那可就更辛苦了！」或許有不少人會這麼想，於是每天都和做不完的工作奮鬥。但對於這些人來說，我相信一邊削減工作量，一邊培養彈性思考的做法，必定能帶給自己某些啟發。

更進一步來說，假設在傍晚才被指派緊急的工作，對此德國人不是思考如何增加工作的時間，而是思考提升工作效率的方法，調整工作優先順序。

如今，電子郵件已成為人們必備的工具，信件總會不分時間、場合，紛飛而至。在日本，有不少上班族即使在假日，也必須回覆電子郵件。

據說，德國知名企業福斯汽車會配發公司專用的手機給員工，但在工作時間之外會將手機設定為無法收信的狀態；戴姆勒汽車（Daimler）的員工若在休假中收到電子郵件，則會被自動刪除。

可能有人會認為，這樣他們就必須在隔天處理信件，如果出事的話反而會帶來更大的問題。但正因為實際上沒有發生什麼大問題，這些公司才持續這麼做。

到頭來，看似無論如何非得當下處理的案件，實際上並非必須及時處理，不是嗎？收關生死的問題當然另當別論，但如果是無關人命的工作，隔天再處理就行了。

在日本，即使被指派超過個人能負擔的工作，員工依然會努力完成。然而，一個人能承擔的工作量是有限的，我們應該**思考如何提升做事效率，而非增加工作時間**，這才是更有建設性的做法。

4 沒有任何職業會覺得自己低人一等

這是我在一九八〇年代剛到德國赴任時發生的故事。

當時的我被派任到東京銀行的德國分行工作，所以和在日本的銀行一樣，工作時間一直都很長，連續多日從清晨工作到深夜，在當時也不是什麼稀奇的事。

「早安！請用咖啡。」有天早上，一位肌膚晒得黝黑、負責倒咖啡的女性帶著極度燦爛的笑容，將咖啡遞給我。當我問她為什麼晒黑了，她很開心的回答：「因為我去度假了。」看見她的模樣，我有一種空虛的感覺，心想：「我到底在做些什麼啊？」

當時的德國，在辦公室配送咖啡也是一種職業，他們多半都是外來移民。這些人的任務是配送咖啡，因此早上花一小時左右就會結束工作，接著他們或許還會到其他辦公室配送，但我想那絕對不是一份高薪的差事。

儘管如此，這位女性有時會請假三週，到海邊享受一段悠哉的假期。她每天都帶著笑容，一邊和員工談笑風生，一邊遞送咖啡，看起來非常愉快。

另一方面，我當時就和在日本一樣，只能在國定連續長假好好休息，根本是用「二十四小時都在戰鬥」的狀態持續工作，就連一早露出微笑的力氣都沒有。

雖然我的薪水比她高，我卻感覺到，她過著比我更美好的幸福人生。從那時起，我開始想更了解德國這個國家，還有這裡的國民。

英語有「another planet」（直譯為「另一個星球」），比喻某人對眼前的事漠不關心，或想法怪異）的說法，德語也有類似的詞語「Sie lebt in ihrer eigenen Welt」，意思是「她鑽進了一個只有自己的世界」。但這句話有時也未必是在輕視對方，而是帶有「那個人的思考方式與我不同」的含義。

相較於日本，德國的階級差異更明顯，但因為德國人強烈認知到「**別人是別人，自己是自己**」，所以各個階級的人都對自己的人生感到驕傲。就算只是配送咖啡的工作，他們也做得坦然大方。

此外，即使在廉價咖啡廳體驗到態度惡劣的服務，德國顧客也會認為那是符合價格的服務品質，沒有任何人會出言抱怨。如果想要接受禮貌周到的服務，就該去高級餐廳。

如果能認同「別人是別人，自己是自己」的想法，就不會在意他人的眼光，也應該能接受任何人的看法吧？

還有，當我進入邁世勒時，有件事令我大吃一驚，那就是所有人說的語言都不相同。因為德國沒有標準語，德國人使用的方言會因居住地區而天差地遠。在日本的德語學校，一般都是教被認為是標準語的德語，但這種語言只通用於漢諾威（Hannover）的周邊地區，即使是首都柏林也有自己的方言。所以在剛進公司的初期，開會時我完全聽不懂大家在說什麼。

以日本的情況而言，無論是住在什麼地方的人，只要來到東京，大家就會改成使用標準語。日本人會對說方言感到丟臉，而拚命的改用標準語，在服務業等工作場合上，更是會強迫矯正成只說標準語。

從兩國對於標準語帶有不同的看法來看，或許因為日本人無法理解「另一個星球」的概念，才會只能認同自己以及擁有相同思維的人。

許多日本人都很在乎面子，有別於「別人是別人，自己是自己」的思維，讓自己迎合大眾的判斷基準。換言之，日本人總是在思考如何和別人一樣。一旦這個想法變得堅定，群體壓力便隨之產生。只要聽見別人說「往右」，大家就一起配合往右；如果所有人都在加班，自己就無法準時下班——這樣的氣氛，也來自群體壓力。

若各位希望能活出自己的人生，那麼第一步就是從群體壓力中解放，而德國人的生活方式，能作為我們的參考。思考工作，就是思考自己的人生，如果能提高工作生產力、確保自己的時間，就能更珍惜人生了，不是嗎？

第1章

有關小狗和孩子的教育，都交給德國人吧

1 有一種服務，叫請自行隨機應變

這是我在德國第一次搭地鐵時發生的事。

我在日本搭電車超過二十年，已經非常習慣車站裡有驗票閘門，但德國居然沒有。當時走著走著，突然就走上月臺。「驗票閘門是不是在其他地方？」即使四處張望，我依然找不到看起來像是閘門的地方。

雖然沒有閘門，但德國的地鐵上有驗票員，這就是德國不使用自動閘門，而以人力確認的人海戰術。驗票員常以二至三人一起行動，依據路線的差異，有些人是穿著便服而非制服，所以有時我完全沒有認出他們就是驗票員。

如果在日本，萬一乘客沒有買票，只要當場支付前往目的地的車資，就可免受責罰。然而在德國，無論你有任何理由，只要身上沒帶車票，一切無須多言，必須支付罰金六十歐元（按：依二〇二二年三月初匯率計算，一歐元約等於新臺幣三十．九七元）。德國不設置閘門這樣大規模的設備，而是利用其他機制，讓驗票變得更有效率。

不僅如此，當地鐵駛入月臺時，我發現周遭非常安靜。

如果在日本，車站會多次廣播「請勿超越警戒線」、「當發車警示音響起，車門即將關閉」這類訊息，在德國卻完全聽不見這樣的聲音。類似「請注意，車門即將關閉」的廣播也沒有。一走進車廂，車門就馬上關起來了，讓我感覺很不安：「我真的搭對車了嗎？」

另外，在德國，地鐵誤點是家常便飯。與其說經常誤點，不如說準時發車更罕見。

當然，當發車月臺有更動，德國人還是會廣播。只是，如果還不習慣車站廣播的德語，就非常不容易聽懂，語調也很機械化，而且我也從來沒聽過他們用英語廣播告知旅客更換月臺的事。剛開始在德國生活時，這一切都讓我非常困惑，往往一回過神來，才發現自己應該要搭的車早就開走了。

聽不懂廣播，就只好詢問站務員。現在已經有許多站務員都會說英語，但我剛到德國時，這樣的站務員相當少，所以要我突然用破德語向人提問，實在很需要勇氣。這讓我感受到主動積極的詢問、打聽的重要性，如果任何事都處於被動狀態，就絕對不可能有任何的進展。

在日本，搭電車的乘客非常多，為了避免造成混亂，乘客會遵守先下車後上車、避免上下車插隊的原則；而德國的搭車人潮不像日本那麼多，大家會自由的上下車，我也常看見乘客優先讓女性、孩童、高齡者上下車，儘管不是給人「遵守規則、整齊劃一」的印象，但場面看起來十分自然，讓我不會感到有壓力。

另外，在德國絕對看不到像日本那樣，「電車停靠在剛剛好的位置上」的畫面。聽說外國人到日本，總會對電車停在正確的位置上感到驚訝不已。在法國，甚至還發生過在車停下來之前就開門的狀況，如果乘客把身體靠在門邊，可是會直接掉出車廂的。日本鐵路不僅安全，技術面的表現也確實非常優異。

然而，當我久久回到日本搭乘電車時，卻莫名的感到精神疲憊——車站裡，廣播的聲音沒完沒了，上了車之後也會多次播放。還有，不過是區區二至三分鐘的誤點，也會反覆廣播向乘客致歉。不僅如此，整個車站、車廂裡，到處張貼著「請勿站在車門邊，盡可能往車廂內移動」、「請將背包抱在胸前」，這類敦促乘客遵守禮儀的海報。這讓我感覺到日本的電車、車站裡，有種壓抑的氛圍。

之所以不斷重複廣播，或許是因為鐵路公司有「萬一發生什麼事，要是怪罪給我們可就困擾了」這種想法吧？與其說是親切以待，這更讓我覺得是一種逃避責任的態度。

在德國，即使乘客在車廂內講電話也不會被警告，就算行李占走一個座位，也沒有任何人會生氣。假設你想坐那個位置，只要跟占走座位的人說一聲，他就會立刻將行李移開。搭乘對號列車時，如果發現有人擅自坐在自己的對號座上，日本人會感到非常不愉快；但在德國，只要你拿著車票走來，對方就會起身，如此而已。

當然，德國人也很重視禮儀，但禮儀不是法律，追根究柢並不是用來強制執行的規範。**在德國，人們即使注重禮儀但也可隨機應變**，日本卻是為了遵從禮儀而默默強制執行，所以才會讓人感覺特別拘束吧？

到頭來，日本似乎變成以「設定規範讓人遵守」為目的。也就是說，如果人們設定了規範，接下來就只要遵守它，大家就放心了。那條規範是否合乎現狀？為什麼適用這條規範？不需要變更或廢止嗎？很少有諸如此類的討論。在遵守規範的那一瞬間，不也在某種意義上，陷入了停止思考的窘境嗎？比方說，車站裡需要如此頻繁的廣播嗎？有人違反了禮儀，我們非得加以撻伐不可嗎？從抱持這樣的疑問開始，有助於養成自我思辨的習慣。

2 只要你夠優秀，完成工作的方式不只一種

我在邁世勒的總公司工作時，同事的工作方式五花八門：有人是在表定時間上下班、有人是下午三點就回家，也有人週休三日，或因為要照顧小孩而在家辦公，幾乎不曾在公司露臉，也有男性同事請育嬰假。另外，週休三日的女同事還是一位團隊主管。

在那樣的環境中工作，我逐漸學到一件事——完成工作的方式不只一種，只要處理好被交辦的任務，並且拿出成果就好。對於同仁要怎麼做事，我都能彈性的思考。

或許在日本，這樣的觀念還未深植人心。常聽到許多休完產假、回歸職場的女性，因為到要去托兒所接孩子的時間，而連續多日提早下班，於是遭到身邊

的同事以白眼相待；也曾聽說有職業婦女即使在回歸職場時，就已經獲得公司同意，能提早在下午四點離開辦公室，卻仍為了顧慮周遭同事的心情，而無法提早下班。這不就是無形的群體壓力造成的嗎？

在德國，即使有人提早下班或在家工作，也絕不會出現「那個人真狡猾」這樣的言論。如果他們是公司不可或缺的人才，那用什麼方式工作都無所謂。而且只要夠優秀，也有機會升遷當主管。

許多國家今後將有越來越多女性活躍於職場，外籍員工的僱用人數也會增加，全球化的腳步正持續往前邁進。企業在認同多元的工作方式的同時，員工的想法也要有所改變，如此才能讓工作方式更加豐富。

我認為德國人之所以能接受多元的工作模式，是因為他們非常認同「別人是別人，自己是自己」的想法。這也意味著他們活出了自己的人生。因為將自己的人生放在第一順位，他們並非不由分說的就以工作優先，而是先思考：「我真的應該做這份工作嗎？」然後再做決定。

與其說德國人看重生活，不如說他們重視和家人、朋友相處的時光。對德國人來說，接送孩子上下學、教功課等，這些工作當然是由夫妻共同分擔，而且他們也非常珍惜夫妻的相處時光。不過，德國對於結婚的態度相當慎重，也有不少情侶在沒有辦理結婚登記的情況下，就生了孩子。

我認為只要下定決心，像德國人一樣，想在生活與工作之間取得平衡，應該還是可以做到。為了達到此目的，我們必須和自己對話。

登山家南谷真鈴（目前就讀哥倫比亞大學）以最年輕日本人之姿（當時十九歲）成功登上聖母峰，她同時也是達成七大陸最高峰登頂的日本人當中，年紀最小的一位。過去她在訪談中曾表示，登山對自己來說是一種接近冥想的活動，也是能與自己面對面的方式（節錄自網路媒體《TABI LABO》文章〈以最年輕日本人之姿稱霸七大陸最高峰的女大生——南谷真鈴，是一個怎樣的人〉，二〇一六年八月十一日）。她說，山峰讓自己察覺到，必須靠改變自己來持續成長，而不是要求別人有所變化。她的態度非常值得你我學習。

或許在你身處的環境中，公司的運作機制、文化風氣不易扭轉，周遭人們的評價也很難改變。即使心中期待著他人改變，也不知道何時會有所不同。說得更極端一些，就算不想屈服於群體壓力，有時身為社會的一分子，也不得不配合身邊的人。但儘管如此，你的內心也不能被他人支配。

舉例來說，理解同事為了接小孩、照顧家人而提早下班，就是很大的變化；加班也是如此，在五次加班要求中至少拒絕一次，也是優先考慮自己的時間的做法。從這樣微小的變化開始，讓自己有所改變，或許就能幫助自己，取得工作與生活的平衡。

3 主管不在，部屬會說：「今天就由我來決定」

我剛進邁世勒沒多久，就有機會和第十一代大家長——弗里德里希·馮·邁世勒（Friedrich von Metzler）會面。

邁世勒集團是私人銀行家族企業，在德國持續經營三百三十年以上。原本我以為，老闆的辦公室一定非常寬敞，裡面鋪滿高級地毯、天花板裝設水晶吊燈，還擺放一組大型沙發……結果一走進辦公室，我覺得非常掃興。

辦公室和一般公司的小型會議室的大小差不多，祕書的桌子也放在辦公室裡。沒有鋪設地毯，除了辦公桌、書櫃之外，就只放了迎賓的沙發。所有陳設十分簡單、簡樸，感覺都用了很久，完全無法想像是老字號企業高層在使用的辦公室。這讓我覺得，**這位老闆不會在多餘的地方花錢，還真像是德國人的作風。**

我向老闆簡單介紹完自己後，他就對我說了這段話：「對我們來說，最重要的就是獨立性。我們不應被任何單位收買，也不收買任何單位。如果有人在討論公司是誰的囊中物，你都不需要在意。只要你認為是為了顧客好，就請立刻採取行動。」

聽完老闆這番話，我回答：「我知道了。從明天開始，我會將您說的話銘記在心，努力工作。」沒想到，他露出了有些意外的表情：「為什麼你不說『從今天開始』？」我慌慌張張的重新說了一遍：「我了解了，我會從今天開始努力！」

另外，這家銀行即使經營了數百年，面對改變仍沒有一絲遲疑。公司當然也有應該守護的傳統，但必須迎合時代而改變的地方，也要有所改變。在日本，這樣的文化或許很不容易見到。

我從邁世勒還學到，企業應賦予員工充分的自由度。

在日本企業工作時，我能自己決定的事非常有限，總是被要求必須向主管或相關總部，進行報告、聯絡或商量，層層往上匯報，到獲得結論為止，須耗費相當長的時間。

離開那樣的環境、進入邁世勒後，狀況馬上變得不同了，我有很多事都能自行做決定。剛開始我感到很有壓力，也躊躇不前。但逐漸習慣後，我開始覺得，沒有任何地方工作起來比這裡更順手。

主管不在時，我的同事會說：「今天就由我來做決定。」顧客主動聯絡時，他也會說：「那件事我們就這麼做吧！」讓工作能往前進行。如果在日本，員工多半會說：「因為今天主管不在，我們內部會先討論，之後再與您聯繫。」

且我的同事在隔天向主管報告前一天的工作進度時，也不會因為自己做決定而被罵。這種事在日本是不可能發生的。在日本，就算部屬的做法是正確的，主管也一定會怒火中燒：「怎麼可以完全不跟我討論就繼續進行了！」

我想這是因為，主管不希望部屬在自己不知道的情況下行動後，如果發生問題，還要被迫負起責任。

此外，企業經常會藉由設定業績目標來管理工作。在我待過的德國公司，當然也會設定業績目標，不過，我從來沒見過只用目標數字來為難員工的場景。

以前在日本企業工作時，我常在「設定目標↓執行業務↓定期確認進度↓掌握狀況、分析、反省↓應對協議、執行↓定期確認進度↓……」的循環中，頻繁的確認目標數字是否達成，接著再依據不同的狀況，聽主管大聲精神訓話。

因此剛進入邁世勒時，我就大膽的向德國主管提出了這個問題：「目標管理是否有一點消極？如果我們不更積極的定期確認進度，目標不是很難達成嗎？」

當時那位主管的回答，令我畢生難忘：「隅田先生，我非常了解你這一番話的意思，因為我也有在日本工作將近十年的經驗。只要從我的地位、立場要求，你說的那些都很容易做到。就算是現在要做，我也馬上就能辦到。但我絕對不會給員工施加那樣的壓力。為什麼？因為這只會一瞬間讓我得到無數『辦不到的理由』。我真正想知道的是『該如何往前走』，而不是『為什麼無法前進』。身處在那種壓力底下，員工士氣是無法提升的。」聽完這番話後，我豁然開朗。

確實，因應公司的規模和經營現況，可藉由各種不同的策略進行目標管理、提升員工士氣。他的思考方式讓我打從心裡認同，也重新燃起了動力。

除此之外，在講求自主性的環境中，讓部屬思考、鼓勵他們全權處理工作，不要求凡事都得往上報備，對於提升生產力來說相當重要。

實際上，我的德國主管每天都過著超級忙碌的生活。跟他直接面對面說話的機會，一個月裡如果有個二至三次就算很多了。但只要我們彼此信賴，就完全沒有問題。我們也有用電子郵件往來，溝通得相當充分。因此，即使報告、聯絡、商量的次數，比我在日本工作時少了很多，工作依然能順暢進行。

不過，在剛進公司的初期，我也經常向上匯報、聯絡，過度頻繁的請求主管判斷。

以前還曾發生這樣的狀況：當時認為，無論如何都需要主管的指示，但他在國外出差，行程又滿得不得了，連一封電子郵件也不回、打電話也都不接。那天是週五，我必須在隔週週一（日本時間）處理好工作。主管在週六回到德國，如果到隔週週一才跟他說，因為時差的關係，會完全趕不上。而且我也無法保證，能在週一早上順利得到主管的答覆。

在各種不回、不接、沒辦法的狀況下，我最終下定決心，將電子郵件列印出來，在週六下午投進主管家的信箱，然後打電話給他說：「請您務必讀信！」結果，那天晚上主管絲毫不見出差的疲態，還笑著打電話給我，簡直是神救援。

如今回想，那個案件我明明可以自行做決定，其實我不過是想要主管的背書罷了……對於當時自己的格局有多狹隘，我深切反省。

當然，主管只靠一句「就拜託你啦」，很難培養部屬的自主性。好好理解部屬的不安，同時拉開彼此的距離，這些都和養成自主性、提振士氣息息相關。

4

團隊精神？德國人是這樣解讀的

一般來說，無論運動或商界，歐美人都注重個人表現，日本人則重視團體表現。德國是足球強國，在世界盃足球賽上經常奪冠，他們有一部分球員是透過獲勝來形成團隊合作；另一方面，日本則是先形成團隊合作，再迎接挑戰。這是兩者之間很有趣的差異。

在日本，也許是因為人們太過重視團隊合作，即使選手都已經在球門前，可以自己背負風險射門，他們仍會謹慎的將球傳給其他夥伴。「明明自己射門就好了！」有時球迷會這麼想。當然，足球場上的選手都很拚命，沒有任何人是縮手縮腳的在踢球。儘管如此，他們並不會大膽的鎖定球門，有時還是太重視傳球。

曾有一位代表德國職業足球隊出賽的日籍選手說過：「我在日本時，重點都擺在考慮夥伴、把球傳出去，但在德國，傳球很重視不顧一切的讓對手（敵方）感到出乎意料，總之就是『快速、往前』。球傳出去之後，接下來就是控球選手的工作。」

我也有一段茅塞頓開的往事。

高中時，我曾打過一段時間的棒球。練習初期都是在練傳接球，我學到的技巧是，瞄準對方的胸部，把球投到對方容易接住的位置。

當然，現在我依然相信棒球的基本功是傳接球。然而，練習傳接球的目的應該是培養控球的能力，用正確姿勢把球投到目標位置，當時我卻沒有深切體認到這一點，很容易專注在把球投到對方容易接住的位置上。

這個練習的目的，並非在實戰上把球投到對方容易接住的位置，換言之，游擊手不以把球投到對方容易接住的位置為目的，而是迅速撿起滾地球後投出，才是他們的目標。說得簡單一點，只要不是太難接的壞球，一壘手的工作就是無論如何都要把球接到。

為對方著想是一件很棒的事，然而，過度深思熟慮往往會搞錯目的，還會帶來過多的群體壓力，對團隊生產力產生影響。這並不僅限於運動賽事，在商界裡也是同樣的道理。

有時我覺得，日本人似乎把日語的「協調」和「從眾」這兩個詞的意思搞混了。根據《大辭林》（第三版）辭典的解釋，「協調」是指「合力處理事情，利害關係對立的雙方合作處理相關事務」；「從眾」則是指「立場相同，贊成某人的意見或態度，並採取相同行動」的意思。

關於從眾的缺點，我舉幾個例子：例如，即使年輕員工提出了企劃案，如果主管經常用「這不適合我們公司」這類的理由拒絕，**就無法展開嶄新的挑戰**。大家應該都只會提出那種安全無虞、大同小異的點子。

不僅如此，當從眾心理強化，就算團隊裡出現不法行為，人們也會裝作沒有看見。有些企業會因為內部告發而察覺醜聞，但因為群體壓力強烈，即使有人做假帳、偽造文書，公司裡也可能形成沒有任何人敢說出口的局面。

從日本的角度來說，勞工市場已經比過去更具流動性，換工作是家常便飯，也有許多人是從其他公司跳槽，再一路爬上高層董事的位置。然而儘管如此，同時錄取應屆新鮮人、依年資敘薪的制度並沒有那麼容易改變。正由於公司內部升遷的人數占據一大半，大家更容易受到群體壓力的影響。對於從外部來的人擔任管理職，在內部長年工作的員工必然抱持反感態度。

然而，不只在德國，從其他許多國家的角度來看，與其在最初進入的公司持續累積年資，一邊跳槽，一邊往上爬，才是更普遍的做法。他們想要出人頭地，但不是以在目前任職的公司裡升遷為目標，而是希望找到願意以優渥待遇錄用自己的公司，藉此踏上職涯升遷之路。所以，他們才能不隨波逐流，堅定「自己是自己，他人是他人」的立場。

在日本，表現出眾的員工容易招遭人議論；但在德國，表現優秀才能獲得好評。在日本之外的國家，後者應該還是比較普遍的狀況吧？壓抑自己，真的能幸福嗎？

《論語》中，孔子說：「君子和而不同，小人同而不和。」而這段話的意思是，君子與他人相處時，會維持和諧友善的關係，但不會胡亂從眾；小人會迎合他人的言論，卻不講求真正的和諧。換言之，傑出人士即使聆聽別人的意見，也不會輕易的人云亦云。

各位讀者，你要當君子，還是當小人？

5 自家庭院草太長，德國鄰居會「關心」

我過去住在德國時，曾發生這樣的故事：和家人出遊約一週後，回家時發現一樓的窗戶上貼了一張便條紙，拿下來一瞧，發現上面寫著「請修剪草皮」。很明顯，這是隔壁鄰居寫的。於是我匆忙的整理行李後，趕緊修剪庭院的草皮。

德國因為保存許多中世紀建築，為了保留古樸的街道氛圍，關於景觀維持有相當瑣細的規範。**即使是住宅區，對於割草、剷雪的規定也很嚴格**。德國人的庭院沒有明確的圍籬，和鄰居的家相互連接，所以只要有一戶沒割草，就會特別引人注目。這時，你就會聽見身邊的人毫不客氣的說：「請修剪草皮。」

另外，德國的冬天會下大雪，總在轉瞬之間積雪。過年休假時，我都在日本和家人一起度過，所以每次過完年回到德國，就會看到只有我們家門前積雪，庭院、車庫也積了許多雪。為了把車開進車庫裡，我們必須先花上三至四個小時，汗流浹背的鏟雪。

這裡的每一戶人家每天都會鏟雪，所以只要清晨五點一聽到窗外傳來鏟雪的聲音，我也會從床上跳起來，跑去剷雪、撒鹽。不過老實說，這些多半還是我妻子在做……德國有一種用來融雪、不會導致植物枯萎的鹽，只要撒上這種鹽，就能防止雪凝結成冰。

直到目前為止，德國人拚命的鏟雪並不只是為了景觀問題。若路上行人在自家門前因為雪、冰而滑倒受傷，責任歸屬就是住在那個房子裡頭的人。要是被要求賠償可就傷腦筋了，所以大家才會勤勞的從一大清早就努力鏟雪。

如果是在日本，人們會貼心的連同鄰居的家門前也一併清掃；應該只有一板一眼的德國人，只把自家範圍打理得乾乾淨淨的。**因為他們覺得即使是剷雪，也絕不會執行被分派的任務以外的工作**。

不只如此，使用清潔劑洗車會造成土壤汙染，所以在自家洗車是被禁止的行為。這也是珍惜環境的德國獨有的規範。

聽完這些故事，也許你會覺得在德國生活似乎很不自由。

不過，**德國人並不是因為有群體壓力才遵從規範，而是為了保護環境、維護街道景觀，才會遵守規矩。**

想擺脫群體壓力，我們只能詢問身邊的人：「為什麼要這麼做？」比方說，如果有個規則是「上班前一個小時，必須全員集合打掃」，那你只要問：「這真的非做不可嗎？」

也許你會得到「因為這是工作，所以理所當然」的不合理答案。儘管如此，「不抱任何疑問就盲目的遵從規則」是一件很危險的事。「真的需要嗎？沒有其他方法嗎？」心中經常懷有疑問，你就不會被群體壓力徹底影響。

6 這裡的聖誕夜，沒有人在路上逛街

如我在前文所述，德國人重視家人勝過一切。

儘管日本人也重視家人，但現實上來說，應該有不少人都變成「重視工作大於家人」的情況。

舉例來說，德國人過聖誕節的方式和日本人截然不同。在德國，從十一月底開始，到處都有聖誕市集，城市被燈飾妝點，充滿聖誕氣息。平時充斥嚴肅氛圍的德國街道，只在這時會充滿活力。

然而，一到十二月二十三日，聖誕市集就結束營業。二十四日是國定假日，所以幾乎所有店家都會拉下鐵門，此時整座城市被寧靜包圍。對德國人來說，聖誕節是全家人一同慶祝的節日。他們也不會在餐廳裡慶祝，而是各自在家享用聖誕佳餚。

我原本一直很習慣日本聖誕節的熱鬧氣氛，所以第一次體驗到德國的聖誕節時，真的嚇了一跳。

又例如復活節、感恩節這類節日，基本上**都是全家人一同度過**。為了和家人過節，假日前甚至還會出現返鄉車潮。

德國人的日常生活也一樣，**工作結束後通常會立刻回家**，和家人一起度過。下班後和同事聚餐的行為在德國非常少見，家人才是他們生活的重心。

單身的年輕人亦是如此，因為夜晚的街頭幾乎沒有娛樂場所，所以幾乎沒人會徹夜玩耍。雖然德國夜晚可說是沒有地方能享樂，但我感覺這也是家人的牽絆自然造就出的結果。

就我所見，德國人在乎如何活出自己的人生，更勝於工作成果。說得更明白一些，他們很重視與家人相處的時光。因此，即使出現了緊急工作，他們也不想加班，所以會斷然拒絕。

在日本，如果員工拒絕所有加班的要求，搞不好升遷之路就會被斬斷。儘管日本男性也很重視家人，也有不少人是為了家人而加班、想賺更多錢，但他們的做法和德國有很大的差異。但聽說最近有些日本年輕人，為了能花更多時間陪伴小孩，也會選擇不常加班的工作。我覺得這麼做很好。

重新思考「自己應該珍惜什麼？」這個問題，絕不會徒勞無功。

7

孩子十歲就要大致決定未來出路

為什麼德國人在思考上很獨立？我認為是受到教育的影響。

我的女兒在國際學校上課時，校內曾舉辦探討「核能發電是對還是錯？」的辯論比賽。順帶一提，這是三一一東日本大地震發生之前許久的事。

當時女兒是十三歲的國中生。在德國，人們從學生時代開始參與辯論活動，討論連大人都難以回答的問題。許多日本人認為跟外國人進行談判很困難，或許就是因為沒有打下這樣的基礎。

其實，**德國孩子必須在十歲就大致決定自己未來的出路**，這也是世界少見的教育系統。

在德國，孩子滿六歲上小學，扎實接受四年的義務教育後，主要從以下三個選項中選擇一條路：

- 以升大學為目標的文理科高中（Gymnasium）。
- 以培養實務專業人才為主的實用專科中學（Realschule）。
- 以職業教育為主的基礎職業中學（Hauptschule）。

孩子們必須三選一，決定自己要去讀哪一所學校。換言之，這等同於他們要在十歲時做出人生選擇。

每一種學校的就讀時長都不同，文理高中是讀到十九歲、實用專科中學是十六歲，基礎職業中學則是十五歲。也就是說，有些德國孩子在十六、十七歲，就已經展開社會人士的人生旅程。

不過，儘管會照著孩子的期望選擇出路，但畢竟他們才十歲，所以實際情況是由家長、老師參考孩子的在校成績、個性來選擇。話雖如此，大人還是會考量孩子本身的想法後提供建議。

至於日本的教育系統，則是讓任何人都能平等的獲得機會。有些人即使高中時成績不好，拚命用功還是能考上東京大學；有些人在考上醫學系前，經歷五至六年的重考生活，這也不算什麼稀奇的事。日本孩子在決定自己的將來前，擁有許多時間可以考慮。

但根據成績選擇學校，仍是日本的主流做法。會以「這所學校有我無論如何都想學的東西」為理由選擇學校的學生，應該還是少數；此外，學生最嚮往的企業，現在依然是大型銀行、航空公司、大型貿易公司之類的大公司。所有人都以相同企業為目標，競爭自然激烈。而且，能成為正式員工的人會被視為人生勝利組，做不到的人則會被歸類為失敗組。

然而，成績、選擇受歡迎的大企業都是相對的價值觀，而非專屬於自己的絕對價值觀。一旦我們只能用相對的價值觀來判斷事情，那麼未來的每一天就只會不斷的和他人比較。難道，這就是幸福的生活方式嗎？

像前面提到，那位遞送咖啡的女性一樣對生活感到滿足，我認為才是真正的幸福。

說到底，日本企業會在學生畢業前，同時錄取應屆新鮮人，也算是世界上罕見的制度。這對於企業而言，是很有效率的做法，但我心裡很懷疑，學生為了順利找到工作，在畢業前不顧課業、跑去面試幾十家公司，把自己弄得疲憊不堪，難道真的是為了學生好嗎？

學生如果不配合這個做法，就很難找工作，所以他們就在不了解自己想做什麼、適合什麼的狀態下，成為了社會人士。儘管不實際嘗試去做，就不會知道自己是否適合那份工作，但這不是只要增加實習經驗就能補足嗎？

在德國，有許多學生會在求學階段時，休學三至六個月到企業實習。對他們來說，先試著在好幾家公司裡實習，然後選擇工作是很正常的流程，而且他們都在摸清自己的職業性向後才就業，所以不會出現像日本那樣，新進員工到職後，三年內就有三〇%的員工離職的狀況。了解公司風氣再進公司，或許也是一種防範離職的手段。

德國人之所以生產力高，可能也和這樣的教育系統、企業錄用制度有關。我認為，在早期階段就看清自己的職業性向、適合什麼企業，也能減少不情不願的工作、感覺不到工作的價值這類狀況發生。

8 父母很嚴格，親子關係卻不冰冷

我在德國逛超市、百貨公司時，驚訝的發現德國孩子都非常有禮貌。他們不會說出「買那個給我」這種話來耍賴，也不會隨便觸摸商品。我也從來沒見過孩子大聲哭泣，然後家長情緒化的出言斥責。

據說在歐洲，甚至有這句諺語：「**小狗和孩子的教育都交給德國人吧！**」可見德國人非常重視禮節。然而，他們並不會體罰孩子。如果孩子搗蛋，父母會立刻訓斥孩子：「為什麼你非那樣做不可？」也許因為表情非常嚇人，所以孩子才會聽爸媽的話。

另外，**德國人會明確區分父母的時間和孩子的時間**。他們很少帶孩子參與父母的聚會，餐廳也只有大人會去消費。他們會將年幼的孩子交託給保母照顧後，享受屬於大人的時光。

換句話說，**孩子也要自由支配屬於孩子的時間**。德國的學校多半在中午前就會放學，下午的時間由孩子各自依喜好安排。他們可以做運動、流流汗，也可以選擇讀書，而時間的安排不會受到群體壓力影響。藉由這樣的教育，孩子養成了用自己的腦袋思考、採取行動的習慣。

德國人雖然對孩子管教嚴格，但不會一舉一動都干涉。在日本，無論在家或在學校，大人總會告訴孩子：「別挑食，什麼都要吃。」但德國人會說：「如果你不想吃，那不要吃也沒關係。」或許這是因為德國人對於飲食並不特別關心，不過我覺得「吃東西無須迎合所有人」的想法，也和他們的自主性息息相關。

另外，**德國的父母即使嚴格，親子關係看起來卻不冰冷**。不如說，正因為父母每天都確實安排時間與孩子相處，所以孩子也感受得到父母的愛。

說得明確一些，其實德國社會對孩童十分寬容。

我在邁世勒的總公司工作時，有時會看到同事帶小孩來上班。他們是因為臨時無法將孩子託給保母，才會把孩子帶進公司。那些孩子不會在公司大聲喊叫、到處奔跑，還會乖巧的在一旁玩耍，直到父母的工作結束為止，實在令我印象深刻。而周圍的其他大人甚至連眉頭都不皺一下，他們會跟孩子交談，自然的接受這個狀況。

過去也曾發生過，正在休產假的女同事帶著嬰兒到公司。因為先前同事送了生產賀禮給她，她為了表達感謝，才會帶著剛出生不久的孩子來到辦公室。嬰兒畢竟是嬰兒，哭聲大得響徹整間辦公室，但沒有任何人面露嫌惡，大家都帶著笑容和女同事交談。即使仍在辦公時間，德國人也不會因為這種事動怒。

或許因為邁世勒是老字號家族企業，同事之間的氣氛就像家人一樣，才能做到這種程度；如果事情發生在日本，「不准把嬰兒帶到工作場合來！」員工大概會被這樣責備吧？即使有嬰兒在電車上哭起來，也會有乘客對父母怒吼咆哮，足見日本社會對孩子並不寬容。

德國人在公共場所對年幼的孩子吵鬧會有怨言，但如果是嬰兒哭個不停，他們通常不會太在意。孩子的誕生和成長不僅是父母的喜悅，也是社會的喜悅——這個想法似乎滲透了整個德國。不限於職場，只要在路上帶著幼童，陌生人多半願意親切以對。雖然德國人在嚴格之處嚴以律人，但他們也有一顆柔軟的心接納孩子。我覺得，這就是德國的國情。

9 用高價買好東西，不需要的東西就不買

德國人給人質樸、節儉的印象。畢竟德國是環保大國，他們不會接二連三的在購買新品上尋求快樂，而是長久使用心儀的物品。因此，包含房子、車子、家電，他們會花錢買下好東西，然後長達數十年都悉心保養、持續使用。

無論走到哪一個德國人家中，你都不會看見物品充斥整個房子的畫面。他們不擁有超過使用需求的物品，房子隨時保持得乾淨整潔。我想，德國應該不存在垃圾屋吧？在日本，極簡主義已經成為一種生活態度，但在德國，這並非生活態度，而是自然而然形成那樣的環境。

不僅如此，德國人的飲食生活也極其簡約。他們就算會在食衣住行的「住」上花錢，但在時尚、飲食方面的花費卻少得令人驚訝。

在德國，人們經常選擇冷食作為晚餐，只吃麵包、起司、火腿就可以解決一餐。這麼一來，回家後準備晚餐的程序會十分簡單，只要幾分鐘就能完成，且晚上少吃一點，對健康也有好處。相較於晚餐，德國人的早餐、午餐就很豐盛，中午一般會吃炸豬排之類的肉類料理。

最近，德國也出現了中式餐廳、日本料理餐廳，但我還是覺得在日本能輕鬆吃到各國料理，是非常幸福的一件事。不過，德國的香腸、馬鈴薯料理種類也很豐富。

說個題外話，我以前在德國留學時，到餐廳用餐卻幾乎看不懂德語菜單，當我發現唯一看得懂的單字「香腸」，就點了那道料理。原本想說會有熱騰騰的香腸被送上餐桌，沒想到擺在我眼前的，竟然是一盤撒上香腸點綴的沙拉。而且那些香腸連烤都沒烤，「這是什麼鬼東西？」最後我一邊翻著白眼，一邊把那盤沙拉吃完了。

德國人的穿著打扮通常也很簡單，平常多半穿著簡單的服飾，許多女性都不化妝，穿裙子的女性也很少。或許是因為德國氣候寒冷，所以她們不想把腿露出來。無印良品、UNIQLO 這類簡約風格的時尚品牌，在德國也很受歡迎。因為德國人偏好設計簡單、具備機能性，而且價格便宜、品質優良的物品。

然而，德國人不是小氣鬼，**他們只是明確的區分要花錢與不花錢的地方**。在為期三週的長假中，他們會和家人盡情享受海外旅行，這時便捨得花錢。

話雖如此，德國人儘管基本的生活方式簡樸，依然能推動國內經濟，這究竟是為什麼？我覺得是因為，日本和德國對於金錢的思考方式有些不同。

日本人希望能用八十日圓（按：依二〇二二年三月底匯率計算，一日圓約等於新臺幣〇．二五元）買下價值一百日圓的物品，購物時追求越划算越好；但德國人只要認為品質優良，即使價格是一百二十日圓，也會想買下來。

「用低價購買好東西」雖然對消費者有好處，但如果考量到整體經濟，販售方並沒有獲得利益，其實會帶來負面的影響。倘若企業無法獲利，就只能壓低員工的薪資。日本無法逃離通貨緊縮的泥淖，難道不就是因為這樣的金錢思維？

而德國人認為，好東西就要用高價賣出。只要企業獲利，景氣就會好轉，於是付得起高薪給員工。以結果來說，金錢會回到每一位國民的生活中，所以德國的經濟能維持穩定的狀態。假使日本也養成**「用高價買好東西，不需要的東西就不買」**的習慣，或許景氣也會比現在好一些。

10 德國父親請育嬰假的比例，高達三五・八%

在日本，「沒排到托兒所，日本去死！」這句話曾入選二〇一六年新語、流行語大賞之一（按：這句話出自一位日本媽媽因孩子排不到托育機構，在網路上的抱怨文，引起日本網友廣大迴響，反映日本托育機構供不應求的問題）。

即使在德國，托兒所的數量也不夠。二〇〇八年德國制定法令，確保全國一歲以上、未滿三歲的幼兒都能進托兒所。但儘管政府積極擴建托兒所，依然有許多孩童在家等待缺額。不過，父母能向地方政府提出訴訟，並藉由賠償費用僱用保母，所以德國家長經常在打官司。

其實德國和日本一樣，正邁向少子、高齡化階段，**也曾有過出生率比日本還低的時期**。德國政府懷抱著危機感，從二〇〇〇年左右起不斷制定相關法律，希望能讓育兒變得更容易。

例如在德國，最長可以請三年的育嬰假（適用於員工十五名以上的公司）；關於育嬰假的生活保障，家長可領到孩子出生前的平均薪資（扣稅後實際所得）的六七％。若不送到托兒所等機構，而是在自家照顧孩子，也可領取相關津貼。

在二〇一九年，德國的父親請育嬰假的比率是三五．八％（取自德國聯邦統計局〈二〇一五年出生孩童其雙親津貼領取狀況〉）。我的男性同事也請了三個月育嬰假；另一方面，二〇一九年日本男性的育嬰假獲准率是七．四八％（取自厚生勞動省〈令和元年度僱用均等基本調查〉），數字和德國差了一位數。

日本雖然已經有「奶爸」（イクメン）這個詞彙，但在德國，**男性參與育兒已理所當然**，他們會接送孩子，也幫忙看孩子的功課。在這段時間，妻子去工作也是很正常的狀況。不過，德國請育嬰假的男性變多也是近十年的事。因為政府調整了制度，利用福利的人增加了。或許有一天，少子化的問題也因此解決。

日本從很久以前就把少子、高齡化視為問題，但只停留在討論的階段，狀況並沒有任何改變；**德國則是立即導入相關計畫**，如果計畫有了問題，就馬上加以改善。如此耗費長時間讓計畫穩定的實行，就是德國的做法。

除此之外，如今已成為資源回收大國的德國，在我初次赴任工作的一九八〇年代，還沒有像現在有如此完善的相關規畫。不過，當我第二次前往（一九九四年）時，德國已經徹底實行了資源回收制度。一九九一年，政府制定法律規定，一般家庭丟出來的垃圾處理責任屬於生產者，讓生產者責任更加明確。

於是，寶特瓶或瓶子的價格事先被加了押金，而這筆回收金會以優惠券的形式退回，因此超市有了回收寶特瓶的機器，民眾可依據放入的數量、種類獲得優惠券。如此一來，大家都會想主動回收吧？

而且，城市裡到處都有可丟棄紅酒、啤酒等瓶子的回收處，也有回收衣物的放置處。不僅如此，城市郊區還設置大型資源回收中心，從巨大廢棄物到小型垃圾，所有可回收物都能帶去丟棄。

總而言之，決定好方針就制定計畫，接著徹底執行，然後再讓影響擴及整個社會——這就是德國的作風。為了實現計畫，**德國人捨得花錢、也願意花時間**。他們之所以生產力高，或許也和這一點有關。

在這一章的最後，我要稍微談到關於德國政府制定計畫的運作機制。

其實，德國的生產力提高也只是近二十年左右的事，之前連 OECD 勞動生產力排行榜前十名都排不上。直到二〇〇〇年代前半為止，**德國還被稱作「歐洲的病人」**，經濟狀況十分低迷。

然而，德國並沒有停留在徬徨的階段，在前總理施若德（Gerhard Schröder）執政時期，主要推行了四項改革，被稱為《哈茨方案》（Hartz-Konzept）：

・強化促進僱用的職業訓練、僱用轉介機制。
・放寬勞動市場規範。
・放寬解僱限制。
・減少失業保險給付。

關於「減少失業保險給付」的政策，乍看之下對勞工方而言似乎很不友善，但這並非削減社會保障，而是藉由強化職業訓練、職業轉介的機制，讓民眾得以迅速的再度就業。如此一來，失業率就大幅下降了。德國政府也針對社會保險制度、醫療保險以及年金制度進行改革，從根本改善，於是德國再次創建出強大的經濟體系。在此，我們也看見德國人願意制定計畫、花費長時間來改善現況。

第 2 章

工作上，不做無謂的報告、聯絡、商量

1 效率，從每天說早安開始

防止工時變長、提高生產力其中之一的關鍵就是溝通。光是改變溝通方法，生產力就會產生戲劇化的轉變。無論是在公司內部或對外協調，我們之所以會招來不必要的麻煩，或在工作上耗費過多時間，多半是因為溝通方式出了問題。

職場上，經常有許多須開會、聯絡、商量討論等各種溝通場合，不過我覺得**對生產力帶來相當影響的，還是日常對話**。

只要在海外工作，就會深刻了解到一件事：日本人在發言場合上非常害羞。舉例來說，就算只是簡單的打個招呼，德國人和日本人的頻率、時機都有差異。在德國，員工在公司與人擦身而過時，一定會說「Guten Tag」（你好）或「Hallo」（哈囉）；早上時會說「Morgen」（早安），傍晚則會說「Auf Wiedersehen」（再見）、「Tschüss」（拜拜）。

日本人在學校也被教育「問候很重要」，進公司後也多半會在教育訓練時，學習打招呼的方法。然而，有很多人即使在新人時期會打招呼，後來卻慢慢的不這麼做。尤其很少有主管會問候部屬，這恐怕是因為他們認為「應該是部屬來問候我」的緣故吧？

但是在德國，**無論年紀或立場，人們都會有精神的問候彼此**，主動說出「早安」，利用問候來消弭彼此之間看不見的那堵牆。

在電梯裡遇到人時，德國人會用「吃過飯了嗎」、「你好嗎」，這些問候來互相自然的搭話。即使不常交談，也要頻繁的問候，讓彼此產生親近感。如此一來，不僅工作上溝通順暢，更能進一步提升生產力。

舉例來說，面對就算問候「早安」也不回話的主管，部屬還會敞開心房嗎？或許部屬會認為主管難以攀談，因此不向他進行重要的報告或討論。這時若發生了麻煩或失誤，就得多花不必要的時間來處理。如果平時好好溝通，就能防範這類的問題。

和德國人相比，日本人通常話不多，也很安靜。日本的餐廳裡、電車上（廣播除外）非常安靜，也幾乎看不到人們會在電影院、美術館裡交談。而在德國，常有人會在電影院裡放聲大笑，或發出「喔——」這樣的感嘆。

我在早上如果在大樓電梯裡遇到鄰居，就算對方是不認識的孩子，也會對他說「早安」；在星巴克買咖啡時，我也會對店員說「謝謝」。然而多數日本人並不會向不認識的孩子打招呼，買咖啡時也什麼話都不說。即使警衛說了句「早安」，日本人通常只是沉默的點頭回應而已。

或許，以前的日本人還比較常打招呼。我小時候常聽到大人說：「去跟鄰居打招呼。」在江戶時代訪日外國人所寫的文獻裡，也常看到「日本人很有禮貌」這樣的句子；日本武道也主張「始於禮，終於禮」，認為問候非常重要。

不過，近年來為了防止犯罪，人們會教導孩子：「如果有不認識的人搭話，一定要馬上逃走。」或許也是因為這樣的教育，才會很難養成打招呼的習慣。

即使不認識對方，德國人也不會猶豫是否要出言搭話；另一方面，日本人則會先觀察對方的狀況，心想：「現在可以跟他說話嗎？他看起來好像很忙，還是等一下再說好了。」其實，從彼此輕鬆的問候開始，不僅溝通會變得順暢、工作更快速完成，生產力也會隨之提升。

2 德國人很常說：「真的有需要這樣做嗎？」

日本人覺得隱藏真心話不說出來是美德，也討厭多嘴多舌惹來非議，認為刻意的避免直接表達，而是由對方讀懂自己的心思，這種說話方式才是身為社會人士應有的禮儀。

然而，溝通不足可能會拖垮生產力。例如，「盡快完成」這句話，就很常發生以下這種狀況：

主管指派工作時，只告知部屬「盡快完成」，主管認為這句話的意思是「明天做好」，部屬心裡想的卻是「三天後交應該可以吧」，結果到了隔天，主管就開罵：「為什麼還沒開始做？」於是，部屬慌慌張張的進行，導致工作沒做好，還可能得重做。這讓主管、部屬心中都產生了不必要的壓力。

如同以上的情況，主管心裡想著「我希望他明天早上以前完成」，卻因為時間安排得太緊湊，覺得對部屬不好意思，所以難以啟齒，於是決定不要明說，只希望對方能自己察覺出來。

這種做法讓人困惑之處在於，錯的人並不是模糊講出「盡快完成」的主管，而是沒有察覺到話中含意的部屬。被指派工作的人常會被施加壓力，被迫主動的體察出主管的期望。**這種溝通方式，不只造成對方的負擔，而且非常沒有效率**。

德語裡並沒有相當於「盡快完成」這句話的詞彙。不僅限於德國，許多國家都不適用心領神會、沉默理解這樣的溝通方式，而是必須把該說的話告訴對方。

我在請德國人做事時，尤其針對急迫的工作，都會清楚的說明：「這件事很急，不好意思，可以麻煩你明天早上以前完成嗎？」如果辦得到，他們會說「可以」，如果辦不到，他們也會明白的表示「不行」，讓我能進一步思考對策。

這時，我會向他們說明為何必須在這個時間點完成、這個任務有多麼緊急，以及如果來不及做完的話，後續會有什麼後果。因為對方也會問我：「為什麼非得這一天做完不可？」所以我**必須說明到讓對方接受**。

例如，我會清楚的說明資料是「我很需要」或「顧客很需要」，或「為了什麼才必須完成」。**德國人討厭做白費力氣的工作**，因此如果不能確實說明「為何這個任務必須在隔天早上以前完成」來說服對方，對方就不願意接下這份工作。

德國人經常提出「Ist es sinnvoll?」這個問題，也就是英語的「Does it make sense?」這句話，意思是：「這真的有意義嗎？真的需要這麼做嗎？」這個問題的背後，包含「工作應該合乎目的」的思維。

如果在日本，要是突然問對方：「這個工作真的需要做嗎？」就會被認為是不會看場合說話的人。我一開始在德國被這麼問時也大感意外，心想：「當然是因為需要做，我才會拜託你啊！」但仔細一想，我卻怎麼也找不出「非得隔天早上之前做完」的理由。如果理由是「客戶會很困擾」，就會得到「既然困擾，那之前就應該努力讓客戶早一點提出要求」的結論。

在歐洲，和不同國家的人一起工作，是一件稀鬆平常的事。因此，如果不確實的說明，對方不明白也是理所當然的——這個想法，就是他們習慣把話說清楚的根本原因。

許多日本人面對想法與自己相左的人，並不會意識到每個人的想法不一定相同。然而，即使是同一家公司的員工、同個國家的人，每個人的意見也不一樣。

正因如此，對意見不同的人表達「我是這樣想的」，將自己的意見化為語言、與對方討論，是一件很重要的事。討論目的在於用心傾聽、好好尊重對方的意見，釐清相異之處，接著弭平彼此之間的落差，再找到折衷方案。

溝通時，對談本身並非目的，將自己的理由正當化、迎合對方也不是目的。我認為，尊重對方才會讓彼此產生信賴，藉由多次對談建立信賴感，最後才能讓工作順暢進行。

我以前在日本，想更換口袋路由器（口袋 WIFI）的機種，正在辦理相關手續時，服務人員忘了告訴我關於契約變更的重要資訊。我向對方提出疑問，希望他能進一步提供其他服務。但無論怎麼問，對方都堅持：「沒辦法就是沒辦法。」系統就是無法連線。」他似乎完全不在乎我有什麼樣的需求，只是一個勁兒的反覆強調：「敝公司無法為您提供更多服務。」

我並不是想和對方吵架，只是期待能和他討論一下，希望至少告訴我「為什麼無法提供我想要的服務」，還有如果可以的話，請他告訴我若以此為前提，折衷方案會是什麼……然而，對方沒有問我任何問題，就這樣結束了對話。

從對話當中，我看見提供服務的人身負著無形壓力，似乎抱持著「我不能再跟客戶說話了」、「這件事對公司不利」、「我會被主管罵」的想法，所以我才會告訴他「真正需要討論的是這件事」，我心中只有滿滿的無可奈何。若能順利而有效率的對談，我們彼此一定能節省不少時間。

許多企業也會聘用外國員工，因此我們不該要求他人心領神會，而是要用任何人都能理解的方式來說話才對。

3

不過度揣測，不知道就說不知道

在日本的社會裡，顧慮、揣測、體諒他人被認為是一種美德。推敲對方的心情、理解話語背後的想法，設身處地為人著想，才會被稱讚是一個聰明機靈、善於察言觀色的人。相反的，脫口說出心中所有的想法、俗稱「多嘴多舌」的人，則會被認為思慮不周全。

所以，在日本，聚會席間不須別人提醒，就會動手分裝料理，或問主管「要不要再來一點飲料？」的人會被認為是能者；不須別人指派，自己把簡報的資料做得漂漂亮亮，更被視為常識。

不只是人類，許多熱水器、電鍋這類電器都附有語音通知功能，甚至有智能馬桶，只要人一走進洗手間，坐墊就會自動升起來。就連機器都懂得揣測人心。

「為什麼馬桶會知道我是男的？」來到日本的外國人都驚訝不已。

從觀光的角度來看，日本的款待文化是日本受外國人歡迎的原因之一；但在職場上，**過度猜測不僅會增加工作時間，也會影響工作效率**。

舉例來說，員工心想「搞不好主管會問這個問題」，於是先把市場資料、其他公司的成功案例、過去客戶的實績都徹底調查好再開會；如果在德國，**事先只會查詢必要的資料**，且主管和部屬、同事之間的對話都十分簡單明瞭。

在日本，員工的想法不是「因為應該做，所以我才做」，而是認為「如果不做這個，我搞不好就糟了」才去做，主管也會認為「你本來就應該在我開口之前就做好」。

我再分享親身經歷的故事：德國超市雖然有好幾臺收銀機，但通常都只開一臺。由於客人會在週六一次買好所需物品，所以週六必定大排長龍。儘管如此，收銀員也絲毫不在意，如果發現有認識的人正在排隊，還會若無其事的一邊和客人閒聊，一邊悠哉的敲打收銀機。

剛開始住在德國時，我對這種情況感到很不耐煩，差點脫口對他們說：「把其他收銀線也打開不就好了嗎？」然而，沒有任何排隊購物的客人出言抱怨，也感受不到其他人覺得不滿。「讓我們為客戶的心情著想吧！」德國人完全不會這樣猜測，客人也完全接受。

那麼，為了不過度揣測，我們該怎麼做才好？答案很簡單，「不知道就問對方」，如此而已。**德國人如果不知道，就會說「不知道」**，心裡有在意的事，也會立刻提出疑問。他們認為「問問題又不用錢」，有事情不懂，就馬上詢問。

另一方面，日本人則會猶豫不決：「現在問他，是否時機不對？搞不好會影響到他工作。」多數日本人認為，如果不使用自己的想像力去察覺他人的想法，就不配當社會人士。

但想有效率的推展工作，有不懂的地方就當場詢問，其實效果才是最好的。「『盡快完成』是指什麼時候以前完成？明天嗎？後天也可以嗎？」只要這麼問，就不需要猜測對方的想法。

此外，我意識到日本人會過度要求他人提供一個答案。其實，自己思考後做出來的決定才是答案，所以正解未必只有一個。然而，日本人很容易認為只存在一個正解。我認為是因為各種考試只存在一個標準答案，而這影響了我們的思考方式。

不過，就算考試只有一個標準答案，但這個社會中，**大部分都是無法明確得出答案的問題。儘管如此，人們卻希望用「常識」來一概而論，變得不再寬容，**不是嗎？

說個題外話：在日本，以「史上最年輕專業棋士」身分，嶄露頭角的藤井聰太八段（二〇二一年），創下連續二十九場連勝紀錄時，將棋獲得大眾矚目。其中一個理由，就是「下將棋時，思考出來的答案不會只有一個」，而這有助於提升孩子的能力。我並不知道這個理由究竟是真是假，但也許有不少日本人開始發現，自己其實並不擅長思考「沒有答案的問題」。

4 主管指示明確，不讓部屬猜

日本企業有一個特殊的地方，那就是員工會調職到不同部門。日本之外的國家，人們通常會專門做某個工作，幾乎沒有「員工原本在業務部工作，接著又被調派到人事部」這種安排。比起個人專長，日本更重視團隊合作，因此組織並不偏好在特定領域表現傑出的人。尤其在服務業，這樣的狀況相當常見。原則上，日本並不存在「只有某個人會做的工作」。

另一方面，由於日本徹底追求團隊合作，因此難以對單名員工深入進行人事評價。這麼一來，進行員工績效評估時，就不會只看工作成果，和誰共事、受到誰的認同，才會是升遷與否的關鍵。

因此，員工不僅要猜直屬主管的心思，還要努力配合有權有勢的前輩，也會想要搶先討好具有分量的人。他們不能只做被交辦的事，還必須連主管沒開口的事也先做好，這樣就會被稱讚。換言之，就是要像豐臣秀吉把織田信長的草鞋放進懷裡，主動用自己的體溫為主管暖鞋。

從各種層面觀察，很難說習慣揣測他人想法的文化本身不好，但過度揣測確實會導致效率低落。

也許，我們很難做到完全不去猜測他人的心思。不過我認為，**至少主管可以提出清晰的想法、明確的需求：「我想做的、要求的是這個。」**用話語確實的傳達資訊，就會減少猜測。

為了達到這個境界，「溝通」就扮演相當重要的角色。只要所有人都表述自己的意見，也改變溝通的方式，相信日本的企業必然能有所改變。

5 不用寄副本給主管也可以

之前我任職於邁世勒總公司時，我的主管進辦公室後，**不會馬上走向自己的位置，而是會花十分鐘到處閒晃**，然後才入座。**他總是在部屬的辦公桌之間走來走去**。

不止我主管，就連其他高層、大老闆也是，他們同樣會在入座前到處走來走去，向員工們說「早安」、「狀況如何」，或提出「今天有哪些客戶要來？什麼時候要跟某某見面？」等問題，這些是辦公室每天早上的日常風景。

這麼做，並不是要瑣碎的管理部屬的工作，而是因為**能在幾分鐘內掌握部屬的工作狀況**，才會這樣做。這麼一來，部屬不必刻意進行報告、聯絡、商量，所以是非常合理的做法。

我向主管說明正在進行的工作時，也不須針對細節一一告知，而是要盡可能言簡意賅的傳達現況。作為主管，只須獲得必要資訊，後續交由部屬處理即可，部屬也不會把無須報告的部分往上報備。

如果判斷有必要確實討論，主管會跟我約其他時間，說：「了解。這件事我們稍後找時間再談一次。」但這種狀況並不多。

下班時也是，主管會像早上一樣在辦公室閒晃。我的主管每天行程都超滿，但他不會漏掉和部屬之間的短暫溝通。也許他認為這也是工作的一部分。

只要採用這個方法，就不需要將全部的人集合起來舉行會議或開朝會，而且彼此都能在短時間內，收集到自己所需的資訊，可說是最有效率的溝通模式。當然，因為部屬也不必製作資料交給主管，所以也能省下時間和勞力。

在日本，當部屬要寄送電子郵件給客戶之類的對象時，通常也會寄副本到主管的信箱。主管即使不聽部屬報告，也能因此得知工作進展得如何，或許他們認為這是一種有效率的做法。但那些信真的須全寄副本給主管嗎？我很懷疑。

我在德國時經常遇到，東京子公司的員工寄信時，會同時寄副本給日本總公司的老闆。德國人對此感到不可思議。「為什麼非得刻意把我們之間的對話傳給老闆不可?難道他的意思是不信任德國員工嗎?」我曾聽過他們這樣抗議。如果沒那個必要,我也不會寄電子郵件的副本給主管。

德國人認為「有時不用寄副本給主管也可以」,這意味著把工作交辦給他人,也代表承接了別人交辦的工作,這不僅是彼此信賴的證明,也會充分提振員工的士氣。另一方面,日本人連「麻煩確認這一份資料」的電子郵件,也要寄副本給其他人。

也許你會認為「生產力和寄副本郵件這種事無關」,但數量過多的副本郵件根本讀不完,真正必須被打開的信卻都讀不到了。從效率、生產力的角度來看,難道不能像德國那樣,只在真正需要時寄副本嗎?

就是因為主管認為,「麻煩會在自己看不見的地方發生」,才會變得不信任部屬,而要求部屬每封信都要寄副本給主管。如此一來,生產力無法提升也就不意外了。**若只進行必要的報告、聯絡、商量,在部屬獨立自主的同時,主管也能獨立自主**。管得太多,其實也表示自己仍在仰賴他人。

6 規則如果不適用，就改變規則

這是我在日本的銀行其德國分行任職時的故事。有位德國女性是我的部屬，她因過失在工作上發生了問題，因此要向我報告。她與某位客戶交涉時，沒有提供規定要交的書面文件，就擅自推展了工作進度。

聽完她的報告，我開口第一句話是：「妳為什麼做了這種事？」然而她回答我：「隅田先生，你的工作並不是反問我『為什麼』。把善後工作處理好，才是你的工作。」

還不止這樣，正當我認為「做錯事的人還在說什麼」時，她繼續說：「隅田先生，請容我再多說幾句話。如果我剛剛沒有向您報告，您應該就不會知道我違反了規定。您應該感謝我，對我說『謝謝妳跟我報告這件事』才對。」

我啞口無言了好一會兒。有那麼一瞬間，我心想：「她怎能這麼厚臉皮？」但她說的確實有幾分道理。這對我來說是一個很好的學習機會。這位部屬讓我知道，當部屬做錯事時，若不先感謝他們願意報告，壞消息就不會輕易往上呈報。

往上呈報問題後，接著思考對策、彌補過失。等一切都結束了，再討論當時為何發生了這些問題，並且加以分析——這才是應有的工作程序。

這絕對不是在逃避責任，而是讓工作盡快恢復到原本的狀態，這麼做更能順利的解決問題，所以可說是合理的思考方式。

在邁世勒，無論有誰犯錯，大家都不會責備當事人。當工作進行得不順利，主管並不會用：「為什麼你做不到？」質問做不到的理由，而會說：「為了能做到，你該做什麼才好？」讓部屬思考後再討論。

另一方面，日本人比起思考當下需要的對應方式，更希望先找出辦不到的原因、失敗的理由。然而，如果光思考為什麼辦不到，就會讓追究責任變成批判。不僅如此，一旦將失敗歸咎給個人，部屬就會變得恐懼失敗，因而變得無法自行做出決斷，這將會妨礙生產力。

因此，當員工做錯事，我會先迅速表達謝意，感謝對方願意向我報告。乍看之下，這或許像在縱容對方，但**只要誇讚他報告自己犯了錯就好**。只要這麼做，未來他也會願意把失誤、麻煩呈報給主管。這對組織而言是好事。

其實無論在英語或德語中，都沒有涵義接近日語「反省」這個字的詞彙。因為失敗了，**他們做的不是反省，而是積極的分析：「接下來該怎麼辦才好？」**日本人深刻的反省：「絕不會再重複犯這樣的錯！」這種做法，英語、德語使用者或許無法理解。

如果要打個比方，那就和網球比賽一樣。打網球時，選手即使失分，也沒有時間為了失誤、被對方得分而耿耿於懷。如果面對下一局還不能切換情緒，就只會被對方拿走更多分而已。這時，應該思考：「下一局該怎麼做才好？」然後，在最後獲勝就行了。

雖然我們必須思考失敗的原因，但不需要得出「因為幹勁不夠」、「因為沾沾自喜」、「因為太輕忽大意」等，關於毅力不足、精神不佳的結論。追根究柢，我們要有邏輯的、合理的思考。

說得極端一些，就像本篇開頭提到的那位德國女性一樣，即使她違反了公司規定，但只要她的作為合乎提升生產力這個目的，有時也是可以被認同的。

雖然員工須遵守規定，但當規定不適用於真實情況，而讓工作無法順利執行時，就應該加以改善。日本人只要把規則制定好，就會有「偏差了一公釐就淘汰出局」的想法，但德國人未必如此。「**如果不適用，那就改變規則**」，有時他們具備這樣思考的彈性。德國人的思維，更能確實提高生產力。

過度堅持規則，會讓組織變得無法容許失敗。過去曾發生日本企業為了避免失敗、一定要達成目標，導致做假帳的結果，而之所以會陷入這般充滿危機的狀況，或許堅持規則也是其中一個原因。

無法成為能接受失敗、具備彈性的組織，就難以在接下來的時代存活下來。

7「我們見面談吧」，不依賴電子郵件

常有人說，在日本企業中，最容易浪費時間溝通的環節，就是寫電子郵件和開會。

德國人如果發現信件往來的討論變多，**其中一方會建議「我們見面談吧」**。依照我的感覺，德國似乎比日本更常面對面交換資訊。如果要多次信件往返，那碰個面聊一聊反而更快。

邁世勒的法蘭克福總公司，常會收到來自東京子公司各式各樣的諮詢、提問信件。而讓德國同事在信件往返中感受到壓力的原因之一，就是問題帶來更多的問題。

舉例來說，當東京同事寄來一封含有好幾個問題的信，德國負責人會盡力答覆問題。接著，東京方又馬上寄來一封寫了好幾個相關提問的信。他們應該是讀了回信後，又有其他希望進一步確認的事項。

德國負責人似乎忍住了不直接向對方抱怨，卻對我吐露真心話：「為什麼他不在之前那封信就一次問完？希望他能適可而止，別再這樣沒完沒了！」

以東京負責人的立場來說，因為顧客進一步詢問，所以只好再次向德國方確認。日本方的想法是：「回應客戶的要求不對嗎？難道德國人都不為顧客著想的嗎？」但即使在這種情況之下，說「因為這是顧客的要求，所以沒辦法」，德國人也不會接受。

「顧客叫你做，難不成你都悶不吭聲的服從？真的需要這樣做嗎？」東京負責人的做法招來德國人不必要的誤解，於是可能造成信賴關係的裂痕。

在這種時候，我說服了雙方接納彼此的想法。

面對德國同事，我用「為了在嚴峻的競爭中取勝，這是必要手段」來開導，另一方面也打電話到日本，「希望你把原委說明清楚。比方說，是因為顧客在自家公司開會討論時，需要更多資料，或者是為了說服關鍵客戶，所以需要更多的數據？」如此與東京員工溝通，努力獲得對方的諒解。

像這樣的對話，我會選擇直接見面，或透過電話來進行。因為當彼此的文化背景不同，用非雙方母語（英語）寫電子郵件來溝通，很難說得清楚。幸好，現在日德之間（總公司與子公司之間）的溝通已經相當順暢。

以我的感覺來說，日本的商務人士似乎太過依賴電子郵件。當然，每個工作都有差異，有些案子利用寫信溝通也能好好傳達想法，有些案子則是只要打一通電話，談話就能順暢的進行。

根據情況選擇透過寫電子郵件或面對面溝通，而不是只依賴電子郵件，也是一種減少工時、提升生產力的方法。

8

會議中，全員發言是鐵律

我想應該有許多讀者知道，無用的會議也是生產力無法提升的原因之一。人們之所以沒辦法減少無用的會議，或許是因為那是最能帶來工作感覺的一件事。只要大家聚在會議室相互討論，就算沒得出任何結論，也會產生正在工作的錯覺。

在邁世勒，員工開會的時間非常有限。以我在日本公司的工作經驗來比較，那時間之短可真是驚為天人。「可以只用五分鐘開個會嗎？」像這樣由少數員工聚集討論的會議，經常在辦公室裡的各處舉行。然而，正式會議的數量非常少，會議內容也和日本完全不同。

德國人開會時，會議目的非常明確，有時會議目的是討論新專案，必須做出某個決定，有時是彼此交換、共享資訊。

交換、共享資訊的會議比較常舉行。這類會議大約每週開兩次，員工可自由決定要不要參加。

會議上，會先由負責分析的人說明市場上發生了什麼事，與會人士如果有問題就直接詢問，也有人會發表意見，不過未必會彼此討論。這類會議並沒有哪個人負責主持，「我是這樣想的」、「我聽到這樣的消息」，大夥兒任意發言，通常等到所有人都把話說完、場面變得安靜了，會議就告一段落。

這類會議讓與會人士能在短時間之內交換、共享需要的資訊，所以非常有效率。我認為，許多企業或許可以試著納入這種開會模式。

會議目的是做出某個決定時，德國則和日本一樣，員工會針對議題提出意見來討論。然而，絕對不可能發生「只有重要職位者說話、年輕員工沉默聆聽」的狀況。**既然都要出席會議，全員發言就是鐵律**。如果沒有人發言，就會白白的浪費時間。

這樣的會議都有書記人員在場，當天就將會議紀錄上傳到公司的共享資料夾。即使有員工因其他工作而無法出席會議，也不會被其他人責備。因為只要看過會議紀錄，也能確認討論的內容，所以不會有問題。

順帶一提，書記人員由與會者輪流擔任，不過因為參加會議的人未必都說標準德語，也有一些議題是我完全不熟悉的領域，所以雖然有點不好意思，但我可以不必做書記的工作。

如果在日本，就很常見大張旗鼓聚集開會、打算做出結論，最後卻沒得出結論，還耗費了一大堆時間的情況；在德國，以我的經驗來說，有三十分鐘左右的短會議，即使是認真討論的會議，也很少超過兩個小時。換言之，大部分的問題都能在一小時之內做出結論。

此外，**會議開始、結束的時間通常會先明確的決定好**。依據內容的差異，如果有無論如何都得多花時間討論的議題，德國人會找其他機會討論，這一部分的處理也都很有彈性。

無論如何，德國人有效率的開會方式，非常值得參考。

9

我和德國同事的午餐外交

我在邁世勤工作時，曾和團隊共事。團隊成員其八〇%至九〇%的工作內容為自己的工作，剩下的一〇%至二〇%則是團隊的工作。他們不是為了我存在的團隊，而是彼此合作共事的夥伴。我們並非主管與部屬，而是平行橫向的關係。

依據不同案件，有時我會請團隊中的某個人協助我，有時則是其他人請我幫忙。當我要交辦工作給同團隊的人，最留意的就是**先理解對方工作的優先順序**。我會一邊記住對方目前正在執行哪些工作，一邊向對方提出請求。

德國人不做無謂的工作，但也絕對不會怠忽職守。人們總說德國人既認真又勤奮，確實如此，這一點和日本人很像。但和日本人差異極大的地方是，德國人做事的優先順序相當明確。

而為了讓每個獨立的團隊夥伴願意欣然合作，我必須在對方的內心中，提升「我的工作」的優先順序。為此，我經常採用的方法，是平時會邀請親近的團隊成員一同共進午餐。

我在德國的工作絕大多數都和日本有關，不過對其他團隊成員來說，我的工作、日本的事業都可說與他們無關。就算不提供協助，他們也未必會受到懲罰，那麼我要交辦的工作的優先順序自然就下滑了。

為了提升優先順序，我會請對方享用壽司。因為只要從壽司談到日本，再談到日本的商業，最後再連結到自己身上，讓對方記住這一份親切感，之後要請對方幫忙就變得容易多了。

在午餐席間，我有時也會不經意的問一句：「你最近方便先幫我處理這個工作嗎？」即使在國外，被請客的話也容易產生不好意思的心情，於是我的同事就願意把我的工作優先往前調整。

我親近的同事當中，有一位是中國人、一位是德國與泰國混血兒，還有德國人，也有少數是多國籍者。

我將這個聚會稱為「亞洲午餐」，有時吃日式料理、有時吃泰國菜或中華料理，利用午餐時間，讓團隊變得更有向心力。

這麼做，也能利用到親近同事的公司內部人脈。例如，如果想拜託其他部門的同事幫忙，親近的同事也能幫忙牽線。如此一來，工作就可以順利進行。當然，我也會再邀請願意幫忙的其他部門的同事吃日式料理。

和同事一起吃午餐時，也曾發生過一件小插曲：當時我們去了泰國餐廳，而店員為中國同事送來的泰式鮮蝦酸辣湯裡，有一隻蟲。

當她一提出「這湯裡有蟲」，店員就回答：「不好意思，我立刻為您換上新的餐點。」而正當店員準備把湯收走時，她卻阻止對方：「等一下！」然後說：「這一碗留在這裡，你把新的湯端來。」

原來，她認為店員會將原本的湯端走，在沒人看到的地方只把蟲挑出來，然後再說：「為您送上新的湯。」在日本，我們對店家都存有信賴感，所以大家通常會認為店員會端來新的餐點。

從這個故事中，我學到了一個道理：每個國家都有不同的風險管理概念。要在嚴峻的國際社會中存活下來，果然還是不能所有事都盲目的相信。

回到正題，請同事協助時有一個重點，就是必須充分說明工作對團隊、公司而言有多重要，並且取得對方的理解，再請對方協助。

在德國，可不能說幾句「因為我們是同一個團隊」、「因為你被指派了這個工作」、「因為我是你主管」，就要理所當然的請對方幫忙，這種溝通方式是絕對行不通的。必須讓對方理解：這一切都是為了達到「團隊朝同一個方向提高收益」這個目的進行。

尤其日本人在工作時，通常會調查得比德國人詳細；從德國人的角度來看，他們常會這麼想：「為什麼非得調查到這種程度不可？」為了消除他們的疑問，我必須連日本人的文化、性格、歷史差異都說明清楚。日本職場的工作重視信賴關係，德國卻是為了建立信賴關係而工作，兩者順序並不同。我曾多次對德國人說明，在日本若能適時的傳遞詳細資訊，將會成為龐大的信賴基礎。

必須留意的是，當我說了這是文化差異，對方就會提出：「很抱歉，這裡是德國，為什麼我一定要配合你們的文化？」這個論點。從相反的立場來思考，若突然有一個不同國家的人說：「理解一下我們的文化吧！」應該也會很想跟對方說：「我才不管那些。因為這裡是我的國家。」因此，表達文化之間的差異，並非無所不能。我深有所感，而告訴對方「對於自己、公司會產生怎樣的利益」才是最能打動人心的做法。

並非單純的用「幫我查一下這個」來下達指令，而是說明工作的目的、有哪些好處，也更能讓部屬接受，進而投入工作。員工理解了工作目標，能讓生產力往上提升。主管若沒有充分顧慮這個流程，部屬只會覺得：「我為什麼非得做這個工作？」就無法提升士氣。

當年紀有所差距，人們的文化、性格、歷史便是天差地別。和外國人共事、和年紀差很多的部屬一起工作，彼此之間也有顯著的不同。人們很容易以為：「就算我不講，他也明白吧？」但就算在自己的國家，我們也很需要和同事仔細溝通，為對方詳細說明原委。而且只要能互相理解，就有辦法提升團隊生產力。

如上所述，我確實感覺若要和某人一起工作，或請某人協助工作，關鍵在於事先建立友好關係。人類並不會因為「因為這是規定」、「因為我們簽約了」就採取行動。這個道理舉世皆然。

要建立合作關係，平時就要展現自己的優點，或是向對方透露，「如果和我來往，你就會有這些好處」。不只請對方吃飯，其他像是一起散步、運動、一對一的見面談話，也有助於和同事和睦相處。只要這麼做，你就能在關鍵時刻找到自己的夥伴。

無論國際外交或人際往來，這個道理同樣放諸四海皆準。當問題發生時，互相面對面的討論、解決是基本做法。因此前任德國總理梅克爾（Angela Merkel）和俄羅斯總統普丁（Vladimir Putin）無論再怎麼意見相左，雙方仍會見面、交談（按：德俄關係複雜，但梅克爾任內曾多次訪俄）。

我因為在德國，站在「少數民族」的立場上，才學到外交的重要性。

10 就算職階有落差，大家照樣平等往來

德國雖不像美國是個文化大熔爐，不過也是個移民國家。

因此，德國也相當重視公司內部的人際關係。其中有一點我認為真的很好，那就是德國人**會和不同部門的人共進午餐**。在日本，部長等級的人或許還會與其他部門的人交流，但他們幾乎不會和基層的員工接觸；在德國工作，大家會和不同部門的人往來，完全不在乎彼此的職位。

很棒的是，大家並不是透過會議溝通，而是一邊吃午飯，一邊輕鬆的交換資訊，這更能建立起友好關係。例如，邁世勒有「把公司當作一個大家庭」的企業文化，因此所有人都能自然的這樣做。

做好順暢的溝通，生產力就會提高。這是一種極佳的企業文化，我覺得就算

是日本人也很容易適應。

另外，和客戶建立好關係，也是一種外交手腕。平時就要先打造出「可以說出稍微勉強對方的話」的關係，當有事發生時，就會很管用。

打個比方，我會從平時就建立好關係，在趕不上交期時，就算說出「抱歉，我會晚個二至三天」，也能讓客戶接受。有了這樣的基礎，即使我不惜加班依然無法如期交件，對方也無所謂。

此外，在邁世勒，員工也會利用群組郵件來共享資訊，作為公司內部溝通的一種手段。日本也有不少企業會用群組郵件來共享資訊，但比起日本，我覺得德國更懂得機動性的使用。

邁世勒有非常多的郵件群組。如果要寄信給A團隊，就會寄給登記在A團隊裡的人，如果是B團隊，資訊則會發送給B團隊的所有成員。只要先建立郵件群組，即使什麼都不做也能共享資訊。這也是提高生產力的一個方法。

有趣的是，知道某人休假時，「這我來做」、「我來代替他處理吧」，大家都會主動的把工作給承接下來。明明平時總說「我的任務是這個」、「這並不是我的工作」，但如果有人休假，他們也願意出手協助。

乍看之下，德國人很容易被認為是只關心自己的民族，但只要事先獲得他們的理解，就能自然而然的創造出這樣的團隊合作模式。我多次深有所感，互助精神確實不分國界。

11 對方說話時，絕對不能打斷

自從在德國居住後，我受到了不少文化衝擊，其中之一就是，人們對話時的溝通方式完全不同。

在日本，人們交談時會做回應、抄筆記，藉以展現「我有在聽喔」的態度。然而，德國卻完全相反。他們偶爾會用「喔喔，對啊」、「沒錯」之類的話來做出回應，但基本上都只是沉默點頭而已，不像日本會用「對啊」、「是喔」、「太棒了」這樣變化多端的方式來回應對方。一開始我也會心想：「他真的有在聽嗎？」而感到有些不安。

當對方正在說話時，絕對不能打斷——這是德國人的鐵律。他們會盡可能讓對方說到最後，因此要是頻繁的給予回應，反而會讓對方感到不愉快。此外，如果在對方說到一半時就做起筆記，有些狀況下對方也會感覺不開心，他們會這樣認為：「這個人都沒有專心聽我說話！」

過去我在日本的銀行工作時，要是工作中突然被主管叫過去，第一個動作就是帶著筆和筆記本過去。如果不這麼做，主管可是會開罵：「你是不打算認真聽我講話嗎？」

德國人當中，有不少人一開口就會說個沒完沒了。他們只要一開始說話就停不下來，有時還會花上幾十分鐘。如果是客戶在場的情況，因為必須引導對方講出客戶想要的資訊，因此在他們語畢的那一瞬間，「話說回來，客戶在這個案子有個地方滿在意的……。」就一定要由我來主動插話。這讓我學到了一個技巧，就是把要說的話，夾在對談段落的空檔處。

日本也有許多長舌的人，應該也有不少讀者跟我一樣為此操心吧？不過，德國人一旦講話被打斷了，就會直率的表現出不愉快的心情，所以必須多加留意。

另外，建議讀者在前往海外國家時，也要盡可能配合當地的溝通模式。為了和文化不同的人溝通，重要的是：**即使不擅長也無妨，一定要用該國的語言來說話**。日本人也一樣，與其被迫用英語對談，聽見對方用不流利的日語來說話，內心會產生一股親切感，也會感覺似乎能理解對方的意思。

這應該是德國、日本這類英語圈之外的族群共同的心情吧。在德國，刻意努力用德語來試圖交談，對方一定會給予好評。因為他們也不會說日語，所以可以明白我的努力。

如果你在國外工作，千萬不要認為：「可以溝通的話，用英語不就好了？」為了和當地人共事，即使不完美也無所謂，你要嘗試去理解當地的語言、文化、歷史，這個態度才是最重要的。

第3章

所有公司都嚴守開始和結束營業的時間

1

「我很忙，無法參加」，這藉口德國人不會接受

想提升生產力，時間管理極其重要。

德國人對於遵守時間，要求得很嚴格，甚至有一句格言：「pünktlichkeit ist alles.」（嚴守時間才是一切。）話雖如此，德國的地鐵並不會依照時刻表到站、人們不知道郵件何時會送達，這倒是個解不開的謎……。

在職場上也一樣，即使有人沒準時進辦公室，會議依然會準時開始。在這種情況下若沒有事先聯絡就遲到，其他人對於遲到者的評價必然下滑。

舉例來說，如果聽到「九點集合」這句話，日本人、德國人同樣會在九點五分之前抵達；其他國家的人即使九點半才到，搞不好還會大言不慚的說：「所以你們談到哪裡了？」

雖說每個國家都有自己的文化或規則，不過在嚴守時間這件事情上，日本、德國擁有同樣的價值觀。關於時間管理，德國人是不會輸給日本人的。

另外，金澤大學的語言學家西嶋義憲教授曾在論文〈比較日德兩國的勞動關係語彙〉中，介紹了一個饒富深意的例子。

西嶋教授曾在一個偶然的機會下，聽見德國留學生和日本學生聊起大選。

「你昨天大選有去投票嗎？」聽到德國留學生問的這個問題，日本學生回答：「因為我很忙，所以沒去。」接著德國人又問：「你說『很忙』，但你不是很久之前就知道大選的時間了嗎？」日本人被問得無言以對。

「因為我很忙，所以沒辦法」是日本人常用的藉口。在日本若聽到這句話，人們會說「那就沒辦法啦」，但**在德國，用這個藉口是行不通的**。

為什麼？因為德國人認為**「自己管理時間」是一件理所當然的事**。既然知道某一天會很忙，德國人會努力安排時間，讓自己不要那麼忙。即使是私人生活，他們也不可能浪費時間，散漫的度過一天。我認為德國人的生產力之所以高，是因為他們**在私人生活中，也講求時間管理**。

德國的公司、商店、公共設施，都嚴守開始和結束的營業時間。如果有客人在即將關店的時間走進店裡，有時德國人會明顯露出不愉快的表情；要是在日本，店員可能會心想：「如果這位客人消費了，我們就有更多的收益。」但比起收益，**德國人或許更在乎自己的時間**。

根據德國在一九九四年實施的法律規定，基本上企業不可讓員工每天工作超過八小時，不過各家企業的狀況略有差異，有些公司一天以十小時為上限，或每週工作時間最多不得超過六十小時。

不僅一般企業如此，即使是農家、麵包店這類生產業者，也必須遵守一天工作八小時的規定。只是在繁忙時期，工作可能會超過八小時——但這樣也會被視為問題。

德國之所以如此嚴守時間，應該還是因為法律規定的緣故。關於遵守時間規定，或許德國算是世界屈指可數的國家。

據說，日本政府也同樣規定，企業不可讓員工一天工作超過八小時、每週工作超過四十小時。

在德國，若企業被發現讓員工超時工作，經營者最高必須繳納一萬五千歐元的罰金。根據不同狀況，經營者還可能最高被判處一年徒刑。

在日本，若企業違反《勞動基準法》，也須面臨罰款或有期徒刑。然而，日本並不會思考如何讓員工減少勞動量，只是一味強化規範內容，人們就很難進一步思考，如何使工作變得更有效率。

我常感覺到，許多日本人總是任由時間流逝。正當被工作追趕時，他們會變得非常被動。「別被工作追趕，要去追趕工作！」儘管大家經常這樣說，但實際上應該多數人都沒有這麼做吧？也許這是因為我們總被交辦一個人處理不完的工作，但想控制工作量，**其實依然可以把工作交代給其他人，或忽略可省去不做的工作**。

控制時間，也是控制自己的人生。假設你心想「今天晚上非處理這份資料不可」，那不妨試著刻意不做那個工作，這天晚上就做你自己想做的事。比起熬夜工作，這能幫助你轉換情緒，隔天工作搞不好會進行得更順利。

真正必須在當天完成的事，其實非常少。只要你深信這一點，實際上大部分工作都可以靈活安排。

2

努力加班求表現？同事會說你工作方式有問題

一、經常加班，且展現出成果的人。
二、經常加班，但無法展現成果的人。
三、很少加班，但展現成果的人。
四、很少加班，且無法展現成果的人。

在日本，應該有不少主管都是用「一→二→三→四」的順序來評價別人吧？

在德國，只要拿得出成果就能獲得好評，但要是員工不肯休假、**總是瘋狂加班，有時會被質疑工作方式出了問題**。對德國人來說，加不加班是個人的選擇，無論加班幾個小時，也不會被別人注意。但如果對於「我為了加班，這三天都沒睡覺」感到驕傲，有時反而會被認為「這個人的工作能力應該很差」。

在日本，長時間工作、超級忙碌的員工，給人一種「很偉大、了不起」的印象。確實，拚命工作到犧牲自己時間的地步，同事會投以佩服的眼光；然而，在歐洲完全相反，一個長時間工作到加班的人，會被視為庸碌無能之輩。因此，他們會徹底避免加班這件事。

不過，德國的經營者、高階主管等，總是長時間工作。因為他們的薪資較高，責任和工作量當然會增加；至於日本，總是由薪資最低的新進員工擔負最多工作，和德國的狀況截然不同。德國人認為，薪資低的人責任少、工作量少很合理，因此，他們並不會出現「領低薪又被任意使喚」這種抱怨。

我以前在邁世勒總公司工作時，通常在早上九點半左右開始工作，中午十二點至下午一點是午餐時間，一點後再開始工作，大約下午五點半或六點下班。這和日本企業雖然有極大差距，但員工對於工作的專注力卻在日本人之上。

日本企業裡，總有些人會在上班時間偷偷的上網、在茶水間裡聊天，但在德國，幾乎看不到這樣的畫面。雖然工作中會和身邊的人談天說笑，但會馬上結束對話，回到自己的工作崗位上。除了喝咖啡或午餐時間以外，德國人會一直專注在工作裡。

簡單來說，他們**幾乎不會用拖拖拉拉的態度，散漫的做工作**。我認為，這就是他們不需要加班的一大理由。之所以徹底專注在工作裡，應該是因為想要準時下班、回家享受私人時光。

另一方面，許多日本上班族認為：每天都應該長時間從早工作到晚，否則不能下班。然而，有時我會看到有業務員白天在網咖、公園裡摸魚，時間因此不夠也很合理。此外，見客戶時，如果閒聊太久，也會導致浪費時間。很多人光是對此沒有自覺，實際上就浪費了大量時間。

幾年前，瑞典曾試行過「每天工作六小時」的社會實驗，當時受到許多人關注，但其實真正開此先例的，是位於瑞典的豐田汽車（TOYOTA）服務中心。

原本這家服務中心的工作時間是八小時，但因為員工的壓力太大，現場失誤頻傳，帶來了不少客訴。所以，該中心在二〇〇二年改為一天上班六小時，結果員工的工作壓力減少，因此改善了員工的健康，於是生產力提高，收益率更提升了二五%。不僅如此，員工和家人相處的時間變長，且不再受到通勤尖峰時段的綑綁。

若你希望自己不要太常加班，可以試著這樣做：首先，下定決心「今天要準時下班」。接著，即使工作還沒做完，時間一到就回家。工作到下班時間仍還沒做完時，我們總會想「再做一點好了」，所以才會經常導致自己加班。

假使很難馬上做到，就算只是留心要「比昨天早十分鐘下班」也行，就這樣一點、一點的減少加班次數。請你抱持「**只要加班，就無法成為能幹的人**」的想法，如此以零加班為目標。

德國的職場看起來很自由，但如果不認真工作，後果要自己負責，所以屬於嚴峻的工作環境；至於像某些日本企業，即使躲起來摸魚、拿不出工作成果也能被允許，我認為那反而是友善的世界。

3

電子郵件上從不出現多餘的字

根據日本的一般社團法人日本商業書信協會的「商業書信實況調查二〇二〇」資料顯示，上班族為了寫一封商業書信，平均要花五分五十四秒；平均一天要寄出的商業書信是十四．〇六封。

乍看之下，或許沒有寄出那麼多的信，所以感覺不會花太多時間。然而，如果寫一封信要五分鐘，五封信就是二十五分鐘。平均一天要寫十四封信，就要花上七十分鐘，可說是花費了大量的時間。

這些時間累積起來，有可能是導致加班的元凶。

舉例來說，當我寫信給邁世勒的德國同事，請對方把投資業績的資料寄給東京子公司，有時會發現對方寄來錯誤的檔案。

我寫信告知「寄來的資料錯了喔」，隔天同事的回信裡，**只寫了一句：「好的，請確認這份附件檔案。」他寫這封信應該用不到一分鐘**。德國人的想法是，「只要把正確資料寄出去即可，不需要多餘的文字」。這不僅限於同事之間的關係，即使對方是客戶，德國人也不會多費唇舌在道歉上。客戶也認為只要收到資料就可以了，即使信中沒有道歉的字眼，他們也毫不在意。

如果是日本人，則會仔細寫上「造成您的困擾，實在非常抱歉」、「不知是否能請您撥冗將昨天的資料刪除」、「之後我會特別留意，不會再發生類似的狀況」……這些致歉文字，當然很花時間。上班族總是煩惱：「『很抱歉』感覺不夠鄭重，還是用『實在倍感抱歉』比較好？」結果就更浪費時間。

我只能說，這是德國和日本之間的文化差異。日本人在道歉時，會思考「要補償些什麼」，而在德國只要情況不嚴重，就不太會做到這種程度。

在日本，要寄出一封簡單的道歉信是很困難的，但如果是平時的電子郵件，還是可以**縮短開頭問候**，寫得更簡單。**只要花在一封信上的時間減少一分鐘，累積起來就能避免耗費大量的時間**。

4 我在德國主管桌上看到的格言：摘下當天的花吧

我的邁世勒主管桌上，放著一個石頭做的擺飾。

有一天，主管問我：「你知道這塊石頭上刻的句子是什麼意思嗎？」擺飾上雕刻的文字是「Carpe diem」。我說我完全看不懂，主管告訴我那是一句拉丁語的格言，是西元前古羅馬時代的詩人荷瑞斯（Horace）的一句詩文，意思是「摘下當天的花吧」。

主管告訴我，這句話有珍惜當下、及時行樂的意思，也可解釋成「別把任務往後延，現在就處理它」、「有效率的工作吧」之意。這還真像那位認真工作的主管會說的話。

德國人將熱情投入在有效率的工作上，因此會最大限度的活用工作中的零碎時間。

在歐美國家的電影或電視劇裡，常會看到人們開車時，戴著藍牙耳機與客戶對話的畫面。我也是在進入邁世勒後，才開始這麼做。因為公務車上裝設了藍牙電話，我有時會一邊開高速公路，一邊參加電話會議，打造一個「即使在車上，也能有效率的工作」的環境——這是邁世勒的企業方針。

順帶一提，日本許多地區禁止人民開車時，使用藍牙耳機講電話，理由是容易因專注力不足而引發事故。

德國的大型企業並非集中在首都圈，因此許多上班族須頻繁的到首都以外的地區出差。例如，福斯、萊卡的總公司都位於鄉鎮城市。所以德國人認為，在高速公路上駕駛的這段時間不應浪費。

在日本企業中開會時，除了主要負責人外，課長、部長，以及新進員工經常也要出席，常見四至五人坐成一排討論事情的場面。然而，發言的多半是一或兩個人。新進員工在那個場合通常不會開口，因此參加會議就是在浪費時間，可說是企業在剝奪員工的生產力。

如果是舉行電話會議，只要讓工作負責人對談即可，所以不會侵占其他員工的時間。

當然，**一邊開車，一邊說話，有發生事故的風險，所以你可以考慮在其他場合，利用零碎時間進行電話會議**，例如因打電話時不會看見對方，所以能在吃午餐時開會。這也是有效率的工作方式之一。

5

他們真的有「把時間換成金錢」的制度

時間就是金錢，這個想法舉世皆然，德語中有句諺語「Zeit ist Geld」，也是相同的意思。有趣的是，**德國真的制定了「把時間換成金錢」的相關制度**。德國人並非完全不加班。但德國為了不讓加班成為常態，因而創造了這項制度。

該制度是先將加班的時間存進勞動時間帳戶，等存到一定程度後，員工可換成有薪假使用。這簡直就是把「時間」當作「金錢」在思考。

被存在時間帳戶裡的加班時間、清算的截止日期因公司而異，其中有人會累積起來，用於育兒或照顧家人。據說在戴姆勒公司，有孩子的女性主管為了保有自己的職位，會善用這項制度。

聽說有某位女性經理，在產後改為一週工作四天，若加班就先把時間存在戶頭裡，其他日子再使用。當自己必須參觀孩子上課、參加孩子的運動會時，就能利用這個帳戶參與孩子的活動（取自NIKKEI STYLE出人頭地導航〈把加班的時間「存起來再休假」！德國先進職場的工作法〉，二〇一五年十二月七日）。我非常希望日本能導入這項制度。

據說對於員工加班，德國原本也是支付加班費，一九九〇年代才開始採行這個制度。

不過，以企業的立場而言，公司希望盡可能不要支付加班費；以勞工的角度來說，如果員工拿不到加班費，就會想早一點回家。兩方的需求吻合了，於是德國人養成「時間一到就立刻準時下班」的習慣。而且，**員工為了準時下班，就一定要在時間內把工作做完，生產力自然會提高**。

這和「即使拿不到加班費，仍甘願免費加班」的日本可是天壤之別。把話說得難聽一點，「不拿錢加班」就是免費工作，等同於付錢給公司。這樣看來，薪水並非沒變，實質上是減少了。

在德國，有一些跟生產力相關的標語，例如：「用更少的勞動時間，創造更多的業績」（Weniger Arbeit, mehr Leistung）、「工作得更少，拿出更好的業績」

（Weniger arbeiten mehr leisten），鼓勵人們應用最小限度的時間，創造出最大限度的成果。

金錢的浪費只要工作就拿得回來，但浪費了人生，可就一去不復返。各位讀者，為了不再浪擲自己的人生，請當一個「時間小氣鬼」，重新思考出一套能用更少時間來工作的方法。**一旦認為時間無窮無盡，那麼不管怎麼做，你的生產力都會下滑**。

日本電機製造商日本電產的創辦人永守重信曾公開宣告：「我們將在二〇二〇年以前，以零加班為目標。」

但他以前的想法是，「沒有週六、沒有週日，沒有早晨、沒有夜晚，創業家的工作時間必須是別人的好幾倍」，更以每天早上四點起床，一天工作十六個小時聞名。

然而，當日本電產的企業規模成長，收購了海外企業後，他才發現外國人的工作方式和日本人截然不同。在歐美國家，**下班時間一到就沒人留在辦公室，德國人還會請一個月左右的假。儘管如此，這些員工依然能確實幫助公司獲利**，於是他才理解：要是日本不改成國外的工作方式，將無法在世界中取勝。

據說，永守重信如果還待在公司裡，員工就不會下班，所以他才提早下班。他曾在訪談中表示，一開始他的妻子還很困擾：「你提早回來讓我很傷腦筋。」不過現在已經獲得她的理解。

長遠來看，工作時間長、勞動條件差，會讓員工士氣隨之低落，且評價變得不好，企業就會走向衰敗之路。許多大企業已往海外發展，努力積極的創造零加班的環境。這波潮流，必然也會往中小企業襲來。當那個時代到來，如果公司仍舊無法減少加班時間，恐怕評價會隨之下滑。我們從現在開始，就先養成不加班的習慣，最終會幫到自己，不是嗎？

6 國家級「安靜時間」，一天兩時段

德國有一個時段被稱為「Ruhezeit」，意思是「安靜時段」——平日是晚上十點至隔天早上七點、下午一點至三點，週六是晚上七點至隔天早上八點，週日和國定假日則是全天，法律規定這些時段都禁止製造噪音。不過，有些地方政府嚴格遵守這項規定，但有些地區幾乎沒有推行成功。

這項規定指的「禁止製造噪音」，不只是「禁止大聲演奏音樂吵到別人」，而是連吸塵器、洗衣機都不能使用，晚上不能淋浴洗澡。熱衷於保養庭院草皮的德國人，在這些時段也不能使用割草機。有些放在戶外的玻璃瓶專用垃圾桶，也會寫著「安靜時段禁止丟棄」，似乎是因為丟玻璃瓶時，發出的聲音很吵的緣故。

獨棟住家不太會被人抱怨，但如果在公寓沒能遵守安靜時段的規矩，房東或鄰居就會立刻表達不滿。德國的公寓常見以石頭、紅磚打造的房屋，應該比日本建築物更容易發出聲響。

我住在德國的公寓期間，當時孩子是即將上小學的年紀，有時會在室內來回奔跑。有一天，孩子睡不著又開始跑來跑去，很快的就有人來敲門。走出家門一看，是一位樓下的住戶，他穿著睡衣、板著一張恐怖的臉站在那裡。

「吵死了，給我安靜一點！你們以為現在幾點了啊！」原本以為這位鄰居會這樣對我怒吼，沒想到他卻對我說：「能不能安靜一點？也許你明天沒有工作，但我還得早起。請諒解。」

這個經驗讓我知道，原來德國人並不會情緒化的對人怒吼：「晚上安靜應該是常識吧！」而是會請對方理解自己。同時，**他們不會以「孩子還小，所以沒辦法」，作為不能保持安靜的理由**，這也是標準的德國作風。

如同我在第一章裡提到的，**德國人從小就嚴格管教，讓孩子有教養是父母的職責**。他們都認為孩子要有教養，晚上當然不該在家裡跑來跑去。

不僅晚上如此，即使在假日白天的安靜時段，人們也不能演奏樂器、被禁止做木工。在德國，許多人會在假日出門散步好幾個小時，可能是因為不想待在家裡製造噪音，讓自己神經太緊繃的緣故。

有時在假日，我妻子準備做麵包，正在揉麵團、把麵團大力摔在廚房流理臺上時，隔壁鄰居會跑來抱怨。但對方並不是說：「吵死了！快給我停下來！」而是用「妳在做什麼呢？還要幾分鐘才會結束呢？」如此極其友善的問句表達不滿。

德國人之所以對噪音要求嚴苛，或許是因為喜愛安靜的民族性，也可能是因為想要好好的休息。

一開始，我對於安靜時段感到很有壓力，不過習慣後，也覺得挺好的。日本有不少人會從假日一早就開始看電視，散漫的度過一天，但在德國如果住的是公寓，就連電視聲也會變成被抱怨的理由。由於這項規定，使人們遠離電視，到戶外散步、健走反而更健康，從這點來看，或許創造安靜時段是合乎道理的。

這樣的規定，或許也和高生產力息息相關。規定好保持安靜的時間，人們就會在那之前完成打掃、洗衣服這類工作。在週六以前先把家事全部搞定，週日就能悠哉的休息。

在日本，有不少人會利用空檔的時間，精進工作技能或練習英語會話。或許德國也有這樣的人，不過我沒見過。有些德國人會在早上散步、慢跑，但不會聚集在一起做某件事。午餐時間也是，雖然偶爾會和公司同仁交流一下工作事宜，但我沒看過有人讀書，所以德國人並不像日本人，會把所有時間都奉獻給工作。

從這個角度來看，我會覺得這些人真是勤勉。但做這些事，目的不是為了享受自己的人生，而都是以工作為主體。若為了精進工作技能，連私人生活的時間都用來學習，本質上就和工作沒兩樣了。其實像德國人那樣，休息時就好好的休息、確實切換工作與私人生活的開關，才能提高生產力。

7 臨時指派工作給部屬，他竟回我：「我沒時間」

我的直屬主管格哈德．緯修（Gerhard Wiesheu），是邁世勒公司的合夥人（高階領導人），也是日德產業協會的理事長。因為他曾派駐在日本工作一段時間，所以在日本經常受邀演講。他的人脈相當廣，是和梅克爾首相一同搭乘行政專機來到日本的大人物。

緯修是一位相當擅長時間管理的主管，技術高明到要說他是「時間達人」也不為過，甚至讓人以為他把一天當作三十個小時在用。他非常忙碌，行程都是一年前就排定好的，要在公司裡「抓到」他是一件苦差事。

當我提出「想一起開會三十分鐘」的請求，他雖然都愉快的答應我，但三次裡只有一次做到，因為總是有更緊急的事插進來而取消。

我覺得厲害的是，即使是公司領導高層的內部會議，緯修也能理所當然的臨時取消。若在日本企業，高階主管的會議應該會被保留在行程上，並將其他案子調整到其他日期。緯修卻毫不在意，有時還會選擇優先處理客戶的案子。

變更高階主管的行程表並不容易，必須多方聯絡、重新調整才行，但他和祕書一直都嚴謹的處理相關事宜。

我深刻的體會到，緯修之所以能靈活改變工作的優先順序，同時應對、處理相關事宜，正是因為他**平常就建立能這樣調整行程的人際關係**。

在日本，常會看到主管把緊急工作交代給部屬：「明天會議之前我需要這份資料，可以趕快幫我製作嗎？」只要這樣提出要求，就算部屬心裡不怎麼願意，部屬通常會將其他工作往後推延來製作資料。

然而在德國，當我將緊急工作交辦給部屬時，**部屬即使面對主管命令，依然會以「Ich habe keine Zeit」（I have no time，我沒時間）這句話拒絕**。我一開始聽到時，驚訝得不知所措。

德國人的工作都是明確規定好的，基本上他們**會優先處理已經決定好的任務，不接受非自己業務範圍的指派**。即使是隔天必須完成的工作，他們會認為：

「你明明知道更早之前就該做，為什麼事到如今才跟我說？這不是我的問題，而是你管理不善的問題。」因此，即使面對來自主管的委託，德國部屬有時未必會無條件答應。

即使是隔天須完成的工作，他們也不會最優先處理，而是選擇處理已經在手上的工作。比起主管的緊急委託，他們更以自己當前的業務為優先。這或許是德國人獨特的決定順序的方式。不過，「**不讓其他工作被打斷**」，也是一種減少工作時間、提高生產力的方法。

此外，德國人即使被部屬拒絕，也不會生氣的認為「這個部屬很難溝通」、「真是個不懂察言觀色的傢伙」。他們在這方面不夾帶私人情感。

另一方面，有些日本主管，如果看到部屬對於臨時指派工作感到不滿，就會認為「以後還是盡量不要把工作交託給這個部屬好了」，忍不住產生這種無助於提高生產力的想法。不僅如此，對同事、主管大發牢騷：「那個部屬前陣子居然跟我說這種話耶。」也是在浪費時間。

因此，當聽到德國人說不，馬上回覆「那就沒辦法了」，立即放棄委託，然後思考「下次還是早一點拜託他吧」，才是上上之策。如果不這麼做，一直去拜託其他部屬，還說：「抱歉，可以麻煩你明天以前做好這個嗎？」生產力依然不會提高。

我一開始被德國部屬拒絕後，才第一次發現「**確實，我可以在更早的階段，就盡快麻煩部屬處理**」，部屬也能儘早將委託的工作，放進待辦事項中。

無論再怎麼小心，**都還是會出現突發性工作，但多半是可以在更早的階段應對處理**。察覺這件事，就是提高生產力的第一步。

8

休長假時，設定自動回覆郵件功能（我不在辦公室）

在邁世勒，整個樓層並沒有區隔劃分。由於整層樓面一覽無遺，雖然有容易溝通的好處，但也有工作時難以集中精神的壞處。

首先，當大家同時在各處講電話時，我還是很在意。我原本就是個大嗓門，跟東京子公司的員工講電話時，偶爾會被周遭的人說：「不好意思，可以請你小聲一點嗎？」應該是因為大家都聽不懂日語，所以聽起來像是不必要的噪音。

另外，公司裡的基金經理人必須時時刻刻專注在市場上，所以都戴著安裝在辦公桌上的頭戴式耳機工作。一開始看到那個畫面，我還以為：「他們是一邊聽音樂，一邊辦公嗎？好優雅喔。」但後來才知道那是為了阻隔周遭的噪音，讓自己專心，讓我深感佩服。

雖說公司也可創造讓人安靜工作的環境，不過準備頭戴式耳機給員工，才是較節省成本的方法。而且這麼一來，員工不管在哪裡都可以專心工作。

如果在日本公司戴著頭戴式耳機，搞不好會被罵：「工作中怎麼可以聽音樂！」無論再怎麼向主管解釋「這是為了阻隔周遭的噪音，讓自己專心」，不難想像只會換來主管拒絕的言論：「如果客戶來看到你這個樣子，應該會覺得『原來這家公司的人都是一邊聽音樂，一邊工作』，而感到不愉快吧？」我也長年在日本的銀行工作過，深知日本企業都如何製造群體壓力。

此外，日本企業為了便於溝通，通常會將主管的位子和員工安排在同個大辦公室；在德國，則多半會提供個人辦公室給高階主管，他們都會在自己的空間裡專心工作。

我的主管在進行重要工作或高機密任務時，會將辦公室的門緊緊關上。所以當門關起來時，其他人就不會去敲門。簡單來說，門關著時，就代表「目前我正在認真、專注的處理工作，請勿打擾」；如果門開著，就表示「隨時請進」。

因此當我想找主管討論事情時，會鎖定辦公室的門開著的時機，敲門詢問：「現在方便嗎？」之後，走進辦公室。**只要主管給出如此容易理解的訊息，部屬**

就不必揣測，該在什麼時機下打擾主管才好，這對我來說很有幫助。

另外，近年和日本人互通電子郵件時，我很在意一件事，那就是對方常會在寄送檔案過來時說：「請輸入這個密碼來開啟檔案。」儘管輸入密碼只須花短短幾秒鐘，但收信人要多花心力來看檔案，寄件人也要花時間設定密碼，我常想：「真的需要把所有檔案，都設定密碼鎖起來嗎？」

至少我在德國工作期間，並不需要為全部的檔案設定密碼。確實，「判斷每個檔案該不該設密碼」，或許不容易，但在這種時候，才更有思考的意義：「在安全和效率之間，難道沒有更好的解決方案嗎？」

此外德國人休長假時，會設定自動回覆郵件功能，該信件叫做「out of office email」（不在辦公室信件），除了德國之外，在歐美國家都很常見。不僅限於長期休假，長期出差而暫時不在辦公室時，工作人士也會設定這個功能。當然，日本上班族也會利用這個功能，但沒有做得像德國那麼徹底（按：當收件人因出差、休假，無法在第一時間回信時，自動回覆郵件功能可立即寄信告知寄件人，收件人目前不在辦公室）。

設定這個功能的步驟非常簡單，而寄件者在收到自動回覆的信件後，可立即判斷要等對方回辦公室處理，還是先採取其他對策；設定該功能的人，也能盡情的享受假期，或專注於出差。隨時查收電子郵件，其實更缺乏效率。

還有，日本人製作簡報資料、企劃書、報告書、會議紀錄等文件，都會花費過長的時間。雖然在德國，也須製作這些文件，但他們只製作最低限度所需的資料，例如盡量不要讓文字量太多。因為他們認為，將許多時間耗費在沒有生產力的工作上，並不是一件好事。

公司外部用的簡報，德國人當然也會用 PowerPoint 等軟體精心設計，但如果是公司內部的資料，他們則會簡單處理。在日本，有些人即使對內，也會用 PowerPoint 做出非常講究設計的資料，但若從生產力的觀點來考量，我很懷疑是否真有必要。

只要你想一想：「**這份文件真的需要嗎？是要傳達給誰看的？**」有時就會得出一個結論：其實那並不需要做。如果你總是憑感覺，用「因為一直以來都這樣做」的理由來想事情，就會陷入思考停滯的狀態。不再處理無謂的工作，也是創造時間的有效方法。

9 年度計畫，從「我何時該休長假」開始安排

德國人的一年，是從思考「何時開始休長假」這件事開始的——這句話絕不誇張。為了讓部屬能毫無顧慮的休長假而調整大家的行程，是主管的職責之一。德語「Urlaub」的意思是「假期」，自從我開始在德國生活後，就經常聽見這個單字。

德國《聯邦休假法》規定，雇主有義務讓員工每年至少休二十四天有薪假，許多企業甚至提供三十天。「新人很難請有薪假」的氛圍，在德國是完全沒有的。德國人認為，既然法律都規定了，無論任何人都有行使的權利。

大部分德國人會在夏天請假二至四週、冬天請假一至二週，安排全家出國旅遊。將有薪假使用完畢，就是德國人的作風。

德國人平時不太花錢，為了假期花錢卻一點都不手軟。德國人的海外旅遊人口在世界數一數二，他們會走訪加納利群島（Canary Islands，一個西班牙的群島）、克里特島（Crete，希臘第一大島），或義大利、西班牙等國的地中海沿岸地區，以及非洲等旅遊地，悠閒的度過假期。

似乎是因為德國屬於較寒冷的國家，所以德國人喜歡到溫暖的地方度假。且比起在好幾個國家的觀光景點走馬看花，他們更喜歡在同一個地方待上二至三週，從事健行、騎自行車之類的活動。

休假時，工作雖然會交接給其他同事代理，但有時也難免碰到只有負責人才能處理的工作。在德國，在這種情況下，只能等負責人休假結束後處理。即使打電話給負責人，對方也不會接聽；就算寄電子郵件，也只會收到自動回覆的郵件，上頭寫著：「抱歉，目前休假中。」

至於在日本，即使負責人正在休假，只要用手機或電子郵件聯絡，多數都還是會接聽或回覆。假使休假期間無法取得聯繫，因為假期最長只有一週左右，所以等待並不算是一件痛苦的事。不過在德國，可是要等二至三週。

我一開始對此感到疑惑，但自從習慣後改變了想法，認為「這個世界上幾乎沒有『無論如何都得馬上處理』的工作」。看似「這要是不趕緊處理可就糟了」的工作，其實即使往後推延一週左右，多半也來得及處理好。

在德國經營麵包店等商家的人，也經常休長假。如果在日本，店主很容易會覺得「要是長期休業，客人會跑掉」，但德國的店主完全不在意這種事。顧客也是如此，他們會在該店休業期間去其他麵包店消費，等到店主回來開店，顧客又會回到原本的店家買麵包。

企業經營者、醫師也一樣，有時他們會休假三週。或許你認為經營者長期休假，會讓公司無法運作，但沒這回事。日本也是如此，老闆不一定常待在公司，只要有優秀的員工待命，企業就可以正常運行。即使自己不在，公司也能正常運作，也是經營者的職責所在。

話說回來，德國的「有薪假」和「病假」是不一樣的。日本人會認為，有薪假應該用在生病不適，而導致無法上班的時候；但德國人覺得，**放有薪假是為了休養身體，和生病缺勤完全是兩回事**。

在德國，只要有醫師的診斷書，就能請到時間充分的病假，請假期間也能確實領到薪資。其中也有人是休假時玩得很累，在有薪假結束後的隔天請病假。即使如此，也沒有任何人會抱怨，因為法律規定可以休假。

另一方面，日本請有薪假的比率是舉世最低標準，根據綜合旅遊服務網站Expedia Japan調查資料（二〇一九年世界十九國有薪假、國際比較調查）顯示，無法請假的前三大理由是「有薪假要用在緊急時刻」、「人手不足」、「不想被人認為自己沒有工作幹勁」。

除此之外，回答「主管願意協助請有薪假」的比例有五三％，和西班牙的七七％、法國的七三％、美國的七二％比較，是相對偏低的水準（該項目的德國資料不明）。

難以請有薪假，確實是因為群體壓力，因此惡習必須有人打頭陣加以斬斷才行。何不試著理直氣壯的請有薪假，休假期間也不要處理和工作相關的事？只要平時認真的把工作做好，身邊的人也會認同你的決定。

說到底，就算你不在，工作也是可以運作的。例如有人因為事故、疾病而長期住院，身邊的同事都會協助處理工作來填補那個空缺，事情總會解決的。原本應該參與重要商談的員工病倒了，也一定會有人代理出席。既然危機時刻都能度過了，請假時只要事先處理好交接事宜，其實不會有問題。

有時，我們難免也會發生「工作無法在休假開始之前完成」的狀況。若在日本，或許人們會延後假期，但在德國，人們即使還有工作沒做完，依然會直接休假。剩下的工作由身邊的人協助，或由本人休完假回來後再處理。儘管如此，身邊的人都不會有一句怨言，或許是因為他們認為，「自己也會休長假」的緣故。

第 4 章

我那群嚴謹的同事教會我的事

1 不因想升遷，特別顧慮主管感受

為了減少加班時間、提高生產力，加快工作速度是一個重要的關鍵。舉凡省去無謂的流程，或把須完成的工作統整後一次做好，我想各位讀者應該也思考過各種不同的方法。

只是，雖說像這樣由員工本身精進工作技能也很重要，但若要迅速的讓工作有所進展，重新檢視團隊如何營運，更是至關重要。這時，要注意團隊是否為扁平化組織。

任職於邁世勒，讓我感覺「工作起來很順利」的其中一點，就是員工之間不會過度區分階級，組織架構接近扁平化，因此溝通相當順暢。

在歐美企業，人們都用名字稱呼彼此，後面不會加上「先生」、「小姐」這類稱謂。德國也是如此，雖然每個公司各有差異，但在邁世勒，除了領導高層之外，同事之間都以輕鬆的方式，互相叫對方的名字。

另外，稱呼邁世勒的總裁時，員工對外都稱他為弗里德里希・馮・邁世勒（Friedrich von Metzler），但在公司內部，所有人都是滿懷敬愛的稱他為「FM」（取自名字字母縮寫）。在邁世勒，「FM」是一個具有獨特意義的詞彙。

單用名字稱呼對方雖然是一件小事，但這麼做，能拉近主管與部屬的關係。日本和德國大相徑庭之處，在於資歷（seniority）——也就是對於「前輩、晚輩」的思考方式。在日本，人們不僅在意主管和部屬的上下關係，同事之間也很重視年齡、進公司的時間等細節。但德國人並不在乎這些，其實日本以外的許多國家都覺得這無所謂。只因為對方年紀比自己大，或對方是早一年進公司，就表現得謙遜有禮，反之則擺出高傲自大的態度……這種事在許多歐美國家絕不可能發生。

當然，發言要看時間、地點、場合，不過若是在會議上發表自己的意見，德國人不會因為地位高低而說話有所保留，整體上相對開放，什麼都能說。

如果在日本的公司，員工不會只叫名字，而是加上頭銜，稱呼「鈴木部長」、

「山田課長」，或省略名字，僅以「部長」、「課長」稱之。或許，這就是人們過度重視階級制度的元凶。人們不評價「個人」而是評價「頭銜」，所以就算沒有這麼想，上下關係仍舊因應而生。於是，當自己想在公司裡說些什麼，仍難以暢所欲言。

還有，若不是扁平化組織，人們就難以表達自己的意見，於是猜測身邊的人怎麼想，思考「向部長報告這種事會挨罵的」，就這樣把想說的話一番取捨。這就是阻礙提高生產力的主因。

整體來說，我認為德國人是相當尊崇權威的民族，只不過，主管的存在並沒有那麼至高無上。說到底，那只不過是單純的「職稱」罷了。許多的日本企業，會從同期進公司的幾個員工中，選人晉升為主要幹部，而德國一般不會這麼做。因此，不會為了升遷，而處處顧慮主管的感受。主管通常可以決定部屬能拿到多少獎金，部屬自然會敬重主管，但絕不會有為了平步青雲而顧慮主管的想法。

我在日本的銀行其德國分行工作時，曾對一位工作表現不佳的德國部屬好言相勸：「因為你是課長，再不好好工作會讓我很困擾的！」結果他一臉狐疑，幾乎要脫口而出：「你說什麼？」他並不看重職位，所以無論我怎麼說，他也不可能對「身為課長的使命」有所自覺。

事後思考，我應該這麼告訴他：「你的任務是這個和這個。關於這一點，你還沒有拿出足夠的工作成果，所以專案無法進行下去。因此，我希望你可以在這個時間之前這樣改善。」如此下指令，比起感情用事的說服對方更有效率。

在許多組織裡，上位者總是對「部屬都不願意做事」而感到不滿，下位者則是對上位者抱持懷疑的態度，認為「上頭都不了解我們的心情」。如此一來，組織的溝通就會惡化。

如果想要順暢的推展工作進度、提高生產力，就應該將組織的上下關係盡可能拉近，這一點也值得你我思考。

2

我順手幫祕書拿信，她卻氣我越權？

這是我在德國工作時發生的故事。

有一次，我把寄到公司信箱的郵件拿進辦公室。因為當中有寄給我的信件，所以我順便把其他郵件拿給祕書，並說了句「這個送來囉」，就放在她的桌上。

原本以為祕書會面帶微笑的對我說「謝謝你」，沒想到她卻生氣的對我說：「這應該是我的工作，而不是你的。」對祕書來說，「拿郵件後分發給所有人」是她的分內業務之一，其他人未經許可做了那個工作，就是越權行為。

當時我很慌張，雖然試圖解釋「抱歉，因為有我的郵件，所以我就順便拿上來」，但因為很難用德語表現「順便」這個詞彙的微妙涵義，結果就只好低頭道歉。這在日本是必然會被感謝的情況，但只要換個地方，就變成不能做的行為。

在此，我並不是要告訴你兩個國家的習慣差異。我想說的是：為了提高生產力，**明確的區分工作內容很重要**。

日本跟德國一樣，多半會設立負責管理郵件的部門。不過，有時並不清楚是由該部門的哪位員工負責哪項業務。或許是由新人負責，但新人沒空時，應該由其他人來代理……在日本，有很多類似這種無明確決定是由誰負責的業務。像是有些公司是由新人負責影印，也有些公司是由主管自己來做。

如此鬆散決定的業務內容，在某種意義上雖然也可說是有效率，但像這樣，大家一起負責一項業務，最後不僅增加了每個人手上的工作量，以結果而言，有可能會阻礙全體提升效率。

又例如，手腳慢的部屬A來不及完成負責的工作，於是主管命令動作快的B來做：「去幫忙做那傢伙的工作！」這對B來說，就是增加了他的工作量。

「團隊的工作本來就應該大家互相協助」、「這對B來說也是磨練技能的好機會」，或許有人會這麼想，**但A會這樣保持工作慢吞吞的狀態**，得有人一直協助他，導致無法提高團隊的生產力。

在一開始，只指派符合A的能力的工作量給他？還是即使耗費時間，也要讓

A執行到最後？或是增加團隊成員的人數？像這樣思考各種對策後採取行動，不給A以外的部屬增加工作負擔，才更能提升全體的速度。

根據我在德國公司的經驗，在這種狀況下，**其他人不可能會無條件的伸出援手。或許你會覺得德國人很冷淡**，但正因為個人責任確實區分，才能做好自己的工作。

「那是我的工作嗎？」最近有越來越多年輕人會這樣問主管，結果就被罵了一頓，但或許在某些狀況下，這麼問才是正確的。不把「為了團隊」、「為了增加部屬的經驗」當理由，主管必須**為了進度不延遲，明確的分派工作**。當然，要是團隊全體成員的進度都延遲了，主管就要負責領導眾人、採取對策。

清楚區分每個人的工作，有時可能顯得不夠彈性，但若盡可能不增加每個人手上的工作量，就可以提高生產力。清楚區分工作內容，或許相當考驗主管的管理能力。不過，只要明確決定好，就能讓整體工作有所進展。

3 不搞集體決策，自己的工作自己負責

在邁世勒，每個員工的工作不但區分得清清楚楚，而且為了執行那些工作，所有人也被賦予必要的權限。這就是提高生產力的重要條件。

在日本，我常聽到「關於這點，我先跟主管商量」這句話，在德國工作時，則幾乎沒有聽過。當然如果是大型案件，有時必須和主管確認後才能繼續進行，但如果總是無法自己做決定，別說是客戶，就連同事的信任也會蕩然無存。

日本企業和海外企業交涉時，有時會因為負責人無法當場做決策，結果就被其他的外國公司搶先一步。發現自己總是在吃敗仗的企業，這才終於開始將權限賦予給現場負責人，不過和其他國家相比，這速度還差得遠。

對主管來說，**如果大案子很難放手，不妨就從日常的小案子著手**，一個接著

一個賦予部屬權限如何？只要這麼做，或許整體工作速度就會有顯著的提升。

在邁世勒，我不須向主管稟報每件工作的細節。關於經費、對外結算、人事等，當然不得自作主張，但如果是日常的客戶應對，我就擁有相當的自由。

在德國公司工作，之所以讓我感到下決策很迅速，是因為負責人會毫不猶豫的做出決定，不會看重集體決策。而且，既然已經將工作交辦給部屬，主管就不會再出言干預。「其實，我希望能和這位客戶以這個條件來簽約……。」就算心裡的這個想法再強烈，既然一開始沒有這樣下指令，就只能尊重部屬的判斷。相反的，要是推翻了部屬的決定，主管也可能會損害彼此的信賴關係。

若是在日本，「你怎麼會用這種條件簽約？現在馬上再去給我交涉一次！」主管常這樣推翻部屬的判斷，而且，有時還演變成向部屬抱怨的局面：「為什麼不事先跟我商量啊！」無論對主管或部屬來說，這都只是白白浪費時間。

之所以無法授權給部屬，是因為如果發生問題，主管不想負責，或根本不信任部屬。既然如此，**一開始先提出「我希望用這個金額簽約」的指示就好了**。把工作交託給部屬時，指示曖昧不清，容易導致部屬工作到一半，必須多次與主管確認，或得多次重新執行，工作的速度就難以提升。

此外，日本人傾向遵從集體決策，會議之所以多，是因為要避免一個人決定事情，希望由許多人來決定。有些狀況是不想要一個人負責，也有些狀況是周圍的人不允許一個人做決定。如果社長一個人做決定，還會被批評是「獨裁者」。

然而，過去曾有某企業經營者表示，要是這樣多人一起做決定，原本尖銳的意見會變得太溫和。據說這位經營者就任社長後，就因此立刻執行「減少會議人數」的決策。

減少決策人數，就是提升決策速度最有效的手段。若試圖減少會議人數，不難想像各部門會有多激烈的反應。儘管如此，只要學習自家企業以外的文化，每個人都主動的、一點點的嘗試改變企業文化，相信不久後就會形成巨大的浪濤，並且往好的方向前進。

4 不隱瞞壞消息，越糟糕的資訊，越要公開

我剛進邁世勒時，一開始主管就對我說：「就算你的工作表現完全沒有長進，也絕對不會因為這樣就被炒魷魚。但如果有突發事故，或發生可能對公司造成損害的事情，卻隱瞞不說，那我絕對會直接讓你走人。」

這段話的重點並不是，「如果犯了可能會對公司造成損害的錯，就得捲鋪蓋走路」，而是「隱瞞事情不說，就會被要求離開」。

換言之，**越是壞消息，就越該早一點說出來**。要是隱瞞壞消息，就會傷及企業的信用——我是這樣被告知的。

在日本，錯誤、過失是「不能有的東西」，這樣的想法太過強烈了。所以一旦發生了錯誤、過失，就會想隱瞞起來。當然我們都該以零失誤為目標，這一點

無庸置疑。只是我不得不認為，這種「將錯誤和醜聞過度連結在一起」的思考方式，副作用實在很大。我在德國工作後，逐漸了解到，錯誤並不是「不能發生」，而是「有可能發生」。因此，企業應準備好一套應對錯誤的機制，讓員工在問題發生後，就能立即處理。

比方說，假設投資額不能超過規定的八〇%，有一套機制是超過七〇%時，就會收到警告。如果八〇%是規定的界線，這套機制在超過七〇%時，就提醒員工合力討論改善對策。

如此一來，就不可能會發生由一個人煩惱、應對處理：「超過七〇%了。我得想辦法調降投資額。」又繼續把傷害擴大的情況。這時，所有人一起思考解決對策，才是更能即刻解決問題的做法。

以日本的文化來說，一旦決定好界線，只要超過小小的一釐米就直接出局，所以大家才會想要隱瞞過錯。但只要先思考，在超過界線前先應對處理的方法，不僅可以迴避最糟糕的狀況，也能控制損害。

該如何打造出「越糟糕的資訊，就越要公開」的環境？這應該是每個人都需要思考的問題。

5

「因為以前都這樣做」，德國人絕不接受這種理由

德國人希望做任何事都有明確的目的，因此，主管一旦下了某個命令，「為什麼必須由我來做？一定要什麼時候做？這麼做的目的是什麼？」部屬會提出一連串的質疑。

「因為是上級要求的、因為大家過去都是這樣做。」德國人不會接受這種理由；「因為執行了這項業務，我們公司的利益就會提高○％。」如果沒有這般明確的理由，就無法說服對方。

有了好幾次前述的經驗後，當我對部屬下指令時，無論狀況有多麼緊急，我仍會仔細的說明目的、效果、理由。只要這麼做，對方就會接受並接下工作。我想，這或許就是讓團隊合作更順利的基礎。

在日本，人們還是很希望部屬會察言觀色，所以主管經常用「幫我做這個」一句話就指示部屬做事。

舉例來說，新進員工端咖啡、遞茶水也是如此。

然而，不說「新人就該做這些」，而是向新人解釋，端茶給顧客也很重要，並讓他們接受這是業務的一部分，或許他們就不會勉為其難的服從命令，而是發自內心、主動的做這些事。

只要說明了目的和理由，員工就能看見整體的全貌，工作效率自然會提高。「仔細說明」竟然會對生產力產生影響，很讓人意外吧？

6 資訊全體共享，降低找資料的時間

德國有一句諺語：「**整理占了人生的一半。**」

正如這句諺語，我的許多德國同事其辦公桌，都整理得井井有條。只要將工作環境整理好，就不需要為了找東西而浪費時間。從團隊內部資源共享的角度來看，這也是一個不容忽視的關鍵。

在邁世勒，我們會明確的**將「應該共享的資料」和「不該共享的資料」加以區別**，應該共享的資料會建立分享機制，讓大家能適時適所的取用。

這些資訊我們會利用群組郵件等方式，在適當的時候分享。

舉例來說，顧客的資訊會以數據資料（客戶筆記）的形式分享。從「何時、由誰、與哪位客戶取得聯繫」這類基本資訊，到商談內容、未來的對應方針等，都會上傳到客戶筆記裡，讓同事能取得資訊。

我在拜訪了某位客戶，將資料寫進當天的報告後，報告就會傳送給群組裡全部的人。只要看過報告，就可以知道我和哪位客戶進行了什麼商談。有興趣的人也能查閱過去所有的相關資料。

有了這套系統，就能避免重複拜訪相同客戶，如果是和自己手上的案子同產業、同規模的公司，也可以將資料作為參考。不只有業務員可以檢視相關資料，這類資訊，平時也會分享給不直接面對客戶的中臺部門（middle office）、後臺部門（back office）同事，藉此創造客戶服務的一致性。

不僅如此，關於下一次將採取的行動，負責人也會清楚寫明提案，這不只是紀錄，也是為了**讓當事人更明確了解，下一步該怎麼做**。換言之，我們並不只是報告「去了客戶那裡」，也會記錄未來會採取何種行動。

除此之外，給其他人的指示也會寫進報告裡。「A先生，請在一週內將資料彙整給我」、「B小姐，請在下次會議之前把提案整理一下」……就像這樣，將需求具體的寫在報告當中。

只要這麼做，即使沒有逐一召開會議，也能讓工作順利進行。光是把共享的資料寫進報告裡，就能省去好幾個工作流程。我想，或許是在導入這種工作方式後，大家才開始一同思考更有效率的方法，一邊讓系統持續升級。

有了這樣的機制，即使在自己休假、生病時有顧客提出疑問，職務代理人也能協助應對。正因為後援體系完備，員工才可以毫無顧慮的休長假。

桌上的文件堆積如山，自己也搞不清楚資料放進了電腦中哪一個資料夾，為了把資料抓出來而花費很多時間……我很懷疑，這種人真的能把工作做好嗎？光是找出想要的資料，就白白浪費了寶貴時光。

據說，前黛安芬日本分公司（Triumph International Japan）的社長吉越浩一郎，會和全體員工共享人事評價之外的所有資訊，就連社長的行程表也一併公開。不僅如此，他還在公司內徹底實施零加班制度，讓黛安芬的日本分公司躍升為優良企業。

突然要執行到這種地步或許很難，不過只要創造全體共享資訊的機制，生產力也會有顯著的提升，請務必試試看。

7 不退縮，反覆問到明白為止

這是將近十年前的事了。當時我已經在邁世勒工作了幾年，有一天到東京出差時，主管的祕書（她也同時擔任我的祕書）打了一通電話給我。

她說：「邁世勒總裁說要跟你通話，我轉接給你。」當時我正在飯店休息，聽到她這麼說，著實嚇了一跳：「總裁專程打給我，到底有什麼事？」我感到極度緊張，勉強把自己的腦袋轉換成德語模式，然後深呼吸，才接了電話。電話內容本身並不是什麼大事，只不過是因為恰好我主管不在，總裁急著想確認日本的業務，所以才打電話問我。

然而，因「緊張」和「電話」這兩大障礙，總裁說的話我只能理解六成左右。當時沒有多次反覆詢問，就無法充分溝通，我卻沒有反問總裁的勇氣。

幸好，事情平安順利的解決了。後來我向祕書說起這件事，她告訴我：「隅田，你這樣不行。不管對方是總裁還是誰，你在那個狀況下，都應該說：**『我不是很明白，是否能請您再說一次？您說的是這個意思嗎？』好好的打破沙鍋問到底才行。**」確實如她所言，這次的經驗讓我深切反省。

面對身處高位的主管，許多人應該都對反覆的詢問：「Bitte nochmal!」（I beg your pardon，麻煩你再說一次）感到很抗拒，害怕這麼說，會讓對方不開心。

但是從我的經驗來說，反覆詢問在德國有九九％的機率，不會造成對方的困擾。即使反覆問個二至三次，有時候對方反而還會變得更體貼，願意用更容易理解的方式來說話。也許因為德國是移民國家，住著使用各種語言的民族，所以大家才會認為「聽不懂是正常的」。

進一步來說，日本人之所以認為「不用說也聽得懂吧」，就是因為在日本，幾乎所有國民都使用單一語言，但要是在外國，人們普遍都覺得「不問就聽不懂了」。所以大家才會討論、嘗試互相理解。

正因為我們在團隊中工作，所以「把聽不懂的事問到懂」非常重要，說話的那一方也必須思考該如何表達，才能讓對方理解自己的意思。明明聽不懂卻讓工作持續進行，很可能導致重做的結果。因此詢問者努力問到自己懂，或回答者努力解釋到對方理解，才會提升工作的速度。

若連團隊中的溝通都能順暢進行，我想工作應該有九成都會很順利。

8

祕書不是助理，是戰友

在邁世勒肩負著極其重要任務的人，就是祕書。該企業中，每個團隊都有一名祕書。

祕書的業務範圍很廣，例如，掌握團隊成員的行程表、工作內容；管理客戶資訊、公司內部資訊、來自東京或其他分公司的資訊；還有，電話、傳真、郵件等，也會先由祕書接收，再由他們轉交給負責人。

另外，想在團隊裡召開會議，只要先跟祕書說，他們就會幫忙調整行程表。如果在公司內部，雖然也可以個別打電話，直接向負責人確認「這一天有空嗎？」來調整日程，不過在有好幾位對象要聯絡的狀況，這樣做就很沒有效率。把這件事交託給祕書，不僅比較容易調整每個人的行程，也更有效率。就連極度機密的內容，都掌管在祕書手上。

在日本提到祕書，可能有一點「高層助理」的微妙涵義，不過在邁世勒，祕書這個職位在助理之上。對我來說，也可說是最佳戰友。

擔任多種角色、讓資訊統一集中、協助管理事宜……只要有了祕書，團隊的生產力就會顯著的提高。也許各企業也應該嘗試設立，類似邁世勒祕書的職位。

9

「週五下午五點在公司喝紅酒」的理由

即使在個人主義至上的德國，打亂團隊工作節奏、堅持自我主張的人還是會被討厭。比起講話一開頭老是「我呢」、「我啊」，能和團隊順利合作的人，更受到信賴。

強調自己的想法固然重要，但清楚了解自己的職責再採取行動，工作更能順利進行。只在乎自我表現的人，並不會獲得好評。

德國也很重視團隊合作，舉例來說，德國的公司經常會舉行「異地會議」（off-site meeting）。

所謂的異地會議，指的是在外部場地開會，同時可能兼度假娛樂。據說，比起在公司裡開會，在外頭開會更能提高生產力。在邁世勒，高階主管會定期離開公司幾天，前往自然景致豐富的療養地開會。

白天時，與會人士會閉門開會。遠離都市，到一個安靜、空氣清新的地方，心情也跟著舒暢振奮起來。為了推敲新的點子、決定重大事項，改變環境是一個有效的方法。

而且，德國人有時會依照不同的情況，帶家人參與異地會議，藉此讓家人能一起散步、做運動，深化彼此的交流。

到了晚上，所有人一起喝酒、用餐，讓心情轉換一下，也會變得更親密。當然，每個公司的規模和形態不盡相同，但我認為這樣的方式也很值得參考。

另外，德國人雖然幾乎不會在下班後，跟同事喝酒應酬，但在公司裡，每個部門都各自有機會交流感情。

比方說，在週五下午五點舉行小型聚會，打開一瓶紅酒，大夥兒一起喝。這個活動任何人都可以參加，談笑風生一小時左右後，人數會在不知不覺間慢慢減少，最後留下來的人再一起整理場地，結束這場聚會。這個時候，德國人也不會有「主管明明還在，我怎麼能下班」的想法，因為家人還在等著自己，員工都會趕緊回家。

在德國，不像日本人「以酒會友」，下班後大家移動到餐廳聚會，接著去唱卡拉ＯＫ續攤，喧鬧到深夜後趕搭最後一班電車。對於現在不喜歡和同事喝酒的年輕世代來說，德國人的聚會方式或許更讓人容易接受。

此外，德國人也經常在自己的生日自己烤蛋糕後，帶到公司分給大家吃。壽星會把蛋糕拿到廚房，寫信給所有同事：「有蛋糕吃，大家快來！」大家則會各自走到廚房，說一聲「生日快樂」給予口頭祝福。

不是密切往來，也不是完全不和人打交道，也許「若即若離」就是德國人最拿手的事。

10 週末和客戶打高爾夫球？沒這回事

基本上，德國人都是和家人一起度過休息日，所以通常不會發生「週末要和客戶打高爾夫」這種事。

在邁世勒，我們經常舉行招攬顧客的派對。由公司主辦派對活動，策略性的製造讓客戶來到現場的機會。有時候派對辦在假日，也會邀請客戶帶著家人一同參加。

派對是一場演奏會（又名同歡會），也是一場和顧客交流的小型聚會，或結合研討會和派對的活動，各種名目五花八門。透過這樣的場合來交流，藉以加深與顧客之間的情誼，也能累積更多人脈。

以日本來說，這樣的做法並不是這麼普遍。

日本人和客戶打高爾夫，目的是一邊打高爾夫，一邊和同為領導階級、負責人的對象交談，進而讓交易更順利，並且建立親密關係。而在德國，通常是會辦場派對。雖然「全家大小參與」這一點和日本不同，但做的事在本質上相同。

我認為，像日本舉辦員工旅遊也沒什麼不好，假日和客戶打高爾夫也是。只不過，最終目標仍是要藉由優化團隊合作來提高生產力。**如果讓員工感到勉強，生產力就不會提升**，我們應該思考出一個不流於形式的方法。

第 5 章

休息，
是為了有更好的表現

1 辦公室有張表，記錄所有員工的請假計畫

很久以前在日本曾有新聞報導，某位大型升大學補習班的男性講師請了有薪假後，被補習班告知必須降低授課時數、減薪，如果不從就終止合約，於是雙方打了官司。

確實，補習班講師休假有一個壞處，那就是學生們上不到課。該男性講師也考慮到這一點，所以事先和校方商量，希望能每週四休假，並且請其他老師協助代課。據說，他是為了在「完全無法請有薪假的職場環境」掀起一陣風波，才刻意採取這個行動，於是請了二十五次有薪假。

然而，補習班卻通知這位任職二十年以上的講師，表示將會減少他的授課時數，否則就要終止合約。

竟然會為了請或不請有薪假而產生爭端，日本在這方面的想法，或許依然非常落後。

在第三章，我曾提過日本員工請有薪假的比率，是舉世最低標準。根據 Expedia Japan 在二〇一九年的調查資料顯示，日本人明明有二十天有薪假，實際上卻只用掉了一半，也就是十天。其中也有不少案例是要在生病時使用有薪假，所以實際上，許多人是將有薪假當病假使用。

另一方面，德國人有三十天有薪假（同機構二〇一八年的調查資料），則是一〇〇％使用完畢。儘管如此，這個數據在歐洲還不算是特別突出，包含法國、西班牙的員工，也是全數用完三十天的有薪假。

想要減少無謂的工作時間、提高生產力，把休假好好的用完非常重要。為了不只是在腦子裡這麼想，若要實際採取行動，又該怎麼做才好？

舉例來說，德國人會在辦公室張貼一年的大型月曆，所有員工都用紅、藍等顏色的磁鐵來表示自己的休假。如此一來，誰要在什麼時候請假就一目瞭然了。如果休假日期重複，就個別討論後調整時間即可。

客戶拜訪紀錄通常是直接電子化，不過休假表並沒有輸入電腦，而是採用傳統的老方法，這一點還滿有意思的。**團隊中若能共享預定的休假表，請假就更容易安排**。這難道不是一個可以立即實踐的方法嗎？

除此之外，我認為以下這兩項制度也很有效。

一、紀念日休假

日本第一家製造、販售白巧克力的北海道公司「六花亭製菓」，連續三十一年（二〇二〇年五月數據）全體作業員都一〇〇%休完了有薪假。

此外，該公司還提供「回憶假」，員工遇到孩子生日、結婚紀念日之類的日子時也能請假；以及員工本人生日當天可以請假的「生日假」。員工在生日時，還會得到一萬日圓的祝賀金。

儘管如此，工廠的運作全年無休，作業員有一千三百名以上，因此一〇〇%休完有薪假的目標，一開始很難達到。所以為了達到這個目的，公司重新檢視哪些工作流程是不需要的，徹底思考提升勞動效率的方法。比方說，切蛋糕之前要先把刀子加溫，光是稍微提高用來溫熱刀子的水溫，就能讓作業效率大幅提升。透過檢視如此微小的流程，就能省下不必要的時間。

不僅如此，因為只休假一天無法好好休息，公司還賦予員工「最少要休六天以上長假」的義務。還有，為了防止「就算請了長假也什麼都沒做」的狀況，公司更規畫此制度：若員工自行安排六人的旅遊計畫，每人每年可請領二十萬日圓的補助金。不僅正職員工，連兼職員工也可以使用這項制度。

六花亭製菓花費很長的時間，全心全意打造了一個利於員工工作的環境。且即使導入了長期休假制度，業績也沒有下滑，我認為這實在非常值得學習。

此外，多美玩具（TAKARA TOMY）也設立了「紀念日休假」制度，包含員工自己和家人的生日、結婚紀念日都可以請假。這應該也是在日本很容易導入的方法。

二、還原至薪資報酬

「還原至薪資報酬」是指減少加班時間後，再將省下來的時間，換算成金錢還原至薪資報酬的制度。

實際上，住友商事的ＩＴ服務企業「ＳＣＳＫ」就成功導入了這樣的制度，將「加班費」支付給減少加班時間的人。

該企業前會長中井戶信英當初就任社長一職時，員工普遍工時都很長，很多人常在公司裡類似咖啡廳的地方躺著休息，白天就趴在桌上睡覺。

中井戶信英認為，**心理問題和勞動環境有關**，首先他試圖改善辦公環境，在二〇一〇年遷移了辦公大樓，將每人的作業空間增加到一．五倍大。且公司內部開設餐廳，也設立診療所和藥局，員工還能在上班時間使用按摩紓壓室。

而且，公司還要求員工將加班時間減半，然而，一直進行得不太順利。於是，該企業增加新規定：只要員工能將原本一個月五十個小時的加班時數，縮短至二十個小時，公司就會將三十個小時的加班費，全部以隔年獎金的名義還原到薪資裡。二〇一五年之後，這項薪酬會合併計算到每個月的薪水中，目前依然持續進行這套機制。

如果只命令員工減少加班時間，他們只會產生「那工作就不會順利」、「加班費減少，我的生活會變得更辛苦」的想法。但如果員工即使減少加班時間，依然拿得到加班費，他們就會認真的改善工作方式。

後來，各種縮短工時的方法應運而生，例如：禁止在下午五點之後開會；員工站著開會以縮短時間；電話要在一分鐘內講完、會議紀錄必須一頁以內寫完、會議也要在一小時內開完；會議的時間、人數、資料都減半。二〇一九年，該企業員工的月平均加班時數，已降至十八個小時，平均一天約五十分鐘。

中井戶信英還寫信給員工的家人，希望獲得家人支持，讓員工能把二十天的有薪假全部用完。領導人都做到這種地步，改革也就順利達成了。

結果，該公司實現了收入增加、獲益增加、紅利增加的目標，一個由領導人率先珍惜員工的公司，果真是無比強大。

2 上班上到想睡覺，就出去散散步

各位讀者，你曾「散步」過嗎？

不是步行，也不是為了移動而走路，而是沒有任何目的的漫步而行，這才是散步。帶狗走路也是為了讓狗散步，和自己散步是兩回事。如今在日本，單純只散步的人應該相當少。

我在第三章介紹過的直屬主管緯修，非常擅長轉換心情。

緯修非常忙，晚上不但應酬多，回到家後也都在工作。「工作得這麼勤奮，他到底什麼時候休息啊？」我懷著這樣的疑問，某天就試著請教他。結果他告訴我：「為了轉換心情，我會盡可能到森林裡散步一小時左右。」

如果很忙碌，通常會認為沒空耗費將近一個小時去散步，但他無論有多忙，都會努力擠出散步的時間。也就是說，他會**強制性的創造出休息時間**，或許就是因為藉此順利紓解了壓力，反而更能處理忙碌的工作行程。

德國人喜歡散步的程度，在日本人眼中看來簡直不正常。

無論平日或假日，總之只要有時間，他們就會散步。不管男女老少、春夏秋冬，也不管下雨、颳風、還是降雪，到處都看得到有人在散步。有時候去拜訪朋友，對方也會這麼邀請我：「好了，我們去散步吧！」

年輕情侶在約會的時候散步，也不是什麼稀奇的事。或許是因為德國人愛好大自然、重視身體健康，也有可能是因為，保留時間休息，讓日常生活「歸零重置」，他們的生產力才會提高。

在德國職業足球隊當中，有好幾支隊伍都習慣在遠征賽事的早上，全隊一起去散步。他們未必只在足球場、練習場，或更衣室裡全員集合。在不同於平時工作的場所度過短暫時光，能讓成員在有限的時間裡，同時做到轉換心情和強化團隊合作。

工作時，無論如何都會發生問題或失誤。即使離開了工作，我們心裡也會苦悶的煩惱該如何處理那些問題，但一流人士無論在商場或球場上，不管面對任何事情，應該都很懂得切換情緒吧。

離開工作、在大自然裡漫步，不僅能讓心情變得舒暢，思路也會變得清晰。只要這麼做，我們也能冷靜的面對麻煩，順利的解決問題。

不把散步當作訓練身體或維持健康的方法，而是單純享受一段悠閒的散步時光，這樣也很好。我相信，這一段什麼都不做的時間，就是創造出某些東西的第一步。

德國人喜歡「Frische Luft」（新鮮空氣）這個詞彙，所以經常使用它。去散步是為了呼吸新鮮空氣，即使在嚴冬，他們也會打開家裡的窗戶，讓新鮮空氣流進來。

根據美國勞倫斯伯克利國家實驗室（Lawrence Berkeley National Laboratory）和紐約州立大學的研究資料指出，當二氧化碳濃度達到兩千五百 ppm（按：一 ppm 為一百萬分之一）時，工作效率會明顯低落。

這項實驗將房間的二氧化碳濃度調到六百 ppm、一千 ppm、兩千五百 ppm 這三個等級，讓受試者分別在房間裡待上兩個半小時，再接受決策能力測驗，結果發現，待在二氧化碳濃度為兩千五百 ppm 的人得分非常低（取自〈Elevated

Indoor Carbon Dioxide Impairs Decision-Making Performance〉，二〇一二年十月十七日）。工作時之所以被睡魔侵襲，或許是因為辦公室裡的二氧化碳濃度上升了。由這個研究可以得知，**呼吸外頭的空氣能讓腦子變清楚**，看來並不是錯覺。

在邁世勒，有些同事也會在工作遇到瓶頸、必須做出重大決定時，走出辦公室去散散步。他們會到附近的公園去放鬆身心，或到教會深思默想。德國人非常擅長這樣切換情緒，所以當身邊的人看見他們這麼做，也不會認為「工作中跑到哪裡去啦？」而責備。

要是在日本，當你突然在辦公室裡站起來、轉動一下肩膀，同事心裡應該會覺得不太舒服。不過在非常忙碌或壓力大時，只要呼吸到新鮮的空氣，你就能更有效率的讓工作繼續進行。

3

同事桌上的必備小物：家人照片

在歐美的電影、電視劇中，總會看到辦公桌上擺放著家人的照片。德國人也不例外，所有人的桌上都擺了好幾個相框，裡頭裝著家人的照片。看來，「家人優先」在外國是一種常識。

我在前面的章節也提過，德國人最重視與家人共度的時光。因此，他們在週五下午會盡可能不安排工作。週五從下午二至三點這個時段開始，路上會開始塞滿急著返家的車輛，他們以家庭為優先，甚至重視到了這樣的程度。

日本則在二〇一七年二月，開始鼓勵企業推行超值週五制度（Premium Friday，日本政府和企業界自二〇一七年起推動的制度，鼓勵員工在每個月最後一個週五提早結束工作，下班後可以吃美食、逛街消費，以促進經濟發展。受到新冠肺炎疫情影響，此制度於二〇二〇年十月底暫時結束）。與其說這是為了改革工作方式，不如說是以「刺激個人消費行為」為目的。

然而，根據當年二月的問卷調查結果，發現在超值週五下午三點之前下班的人，僅占全體工作者的四%左右。別說要貫徹執行了，多數上班族根本還搞不清楚，這個制度到底是什麼。

常言道：「家庭是社會的最小單位。」家庭運作得順利，才能打造出一個全心投入工作的環境。所以我再次深刻察覺到一件事：為了提高工作生產力，「能擁有與家人相處的時間」其實是一個重要課題。

家人關係經營得好，工作上的生產力就能提高，於是造就出健康企業。不僅如此，只要企業健康了，經濟就會往上發展，國力會變得更強。從社會的根本開始改革，或許這才是最能強化國力的方法。

話雖如此，日本「工作第一」的文化還是非常難改變。因此，**主管帶頭準時下班，並率先用掉有薪假**，這一點是很重要的。因為要是主管、經營者不從自身改革起，職場環境就不會改變。

4 日本人喜歡收納，德國人熱愛整理

德國人真的很愛乾淨，但我第一次去德國時並不知道，所以當場見識到時，真的非常震撼。

總而言之，他們不管哪個房子，看起來簡直都像樣品屋，四處都打掃得亮晶晶。窗戶玻璃被擦得一塵不染，就連容易沾染油汙而變得到處黏呼呼的廚房，也像新的一樣，非常乾淨。屋子裡也不會推滿東西，就跟在公司一樣整理得井井有條。只要像德國人這樣整理，就不會發生「剪刀放在哪裡啊？」這種到處找東西的問題。

日本人同樣喜歡收納，也有許多使用百圓商品來展現收納技巧的達人。但跟德國的整理技術相比，收納技巧就顯得相形失色了。

德國人似乎就算被別人瞧見家中的樣子，也不感到困擾，所以雖然有窗簾也幾乎很少拉上，從外頭可以完整看見家裡的全貌。

不僅如此，因為全體居民都認為要共同守護街道景觀，所以他們不會在外面晒衣服。不僅在德國是如此，這在歐美國家都是理所當然的情況。但通常也不是在屋內晒衣服，而是將洗好的衣服放進烘衣機，烘乾後立即折疊收納。

順帶一提，由於德國的水是硬水，洗潔劑很難溶解，因此洗衣機可以設定水溫。因為可以從攝氏二十設定至九十度，所以一開始我老是搞不清楚，哪一種衣物到底該用幾度的水來洗。

總之，德國人拚命的維持家中整潔，甚至還有專門販賣清潔用品的商店，規模堪比居家用品商場。如今日本普遍使用的窗戶玻璃清潔刮刀，在德國家庭可是很久以前就有了。

家裡出現一點小瑕疵，德國人都會自行修復；依照個人喜好更換廚房的瓦斯爐、洗臉臺，也是很常見的事。

就算只有一丁點髒汙，德國人看見了會馬上打掃，所以並不會累積汙漬。如果有些地方用起來不順手，就會調整家具或用品，讓自己更容易使用。這樣的習慣或許也和工作的生產力大有關聯。

在邁世勒讓我感到驚訝的一件事，是德國人如果對辦公室的裝潢不滿意，可以在幾個小時內就讓空間煥然一新。

舉例來說，當組織改編而有新的體制形成時，「這支團隊就集中在這裡吧！」德國人會從改變空間開始做起。並非單純的移動桌子，而是把牆壁、柱子撤除，改變整個辦公室的大小。建築物內部的結構如此有彈性，令我耳目一新。

不過，如果說得誇張一點，我也覺得這是邁世勒經歷了好幾個世紀後，不僅健全的存活下來，且至今依然持續發展的重要祕訣。也就是說，一家不草率、不敷衍的公司，不僅要堅守強韌的基礎（建築物），也要迎合時代演變，讓需要彈性變化的事物（內部裝潢）毫不猶豫的迅速改變。

另外，日本豐田汽車也在工廠實踐「杜絕浪費」運動，像是改變擺放工具的地方，就能讓生產力隨之提高。將職場環境整頓好，員工工作時更能得心應手。

5 擁有「您先請」的從容不迫

也許這是大都市才有的問題，但我總覺得現在許多人的內心，已經越來越缺少餘裕。

我在前面的章節介紹過，德國的超市即使結帳大排長龍，也不會打開其他收銀線。印象中，他們對於插隊行為也非常寬容。甚至有時候，當我手上只拿著兩、三樣商品排隊，而前面的客人察覺到了，會對我說：「我買的東西很多，您先請吧！」讓我優先結帳。

若我主動說「因為我有點趕，買的東西很少，請讓我先結帳」來拜託別人，對方有相當高的機率會讓我先往前排；這如果發生在日本，可能會被對方以「我也很趕，而且已經排隊等了很久」的理由拒絕。

開車的時候也是。例如，如果有二線道的高速公路因工程、事故等原因，必須從中途合併為一線道，日本做法是從距離管制點很遠的地方，就開始規定合併車流。如果沒有察覺到合併車流的告示，因而未能開進一線道，就很難在管制點開進主線道。「自己沒發現，那是他的問題！竟然插隊，實在太誇張了！」一般日本人都會這樣想。

在德國，人們面對這種狀況，依然會容許外線道的車子開進來。即使當時正在塞車，後方的車子也不會有任何怨言。也許德國人很習慣等待，不過他們能從容不迫的相互禮讓，我希望自己也能做到。

另外，德國人**並不會為了討好而笑**，所以無論在超市或餐廳，店員都是面無表情的接待客人。我剛開始在德國生活時，還以為：「他們是在生氣嗎？」後來才知道，那在德國是標準的待客之道。若是已習慣日本面帶微笑、體貼待客方式的人，會覺得德國人的態度很不好。但儘管如此，德國人並不冷漠。

我以前住在法蘭克福，這裡的人口約有七十三萬，在德國是僅次於柏林、漢堡、慕尼黑、科隆的第五大都市。在車站裡，他人會協助推著嬰兒車、帶著大件行李的乘客，每個人也都輕鬆的互相問候，整個城市洋溢著溫馨、友善的氣氛。

二〇一一年七月，日本國家女子足球隊在女子世界盃贏得冠軍，對於當時因三一一東日本大地震而深受打擊的日本來說，這個獎盃帶來了滿滿的感動與勇氣。當年的主辦國是德國，所以我和親朋好友也前往體育場看決賽。

那年在法蘭克福舉辦的決賽戰，對手是美國，當時大多數的人都預測強隊美國會獲勝。體育場內近九成的觀眾，都來幫美國加油。日本屬於超級少數民族，因此包含我們在內，所有日本人都卯足全勁，拚了命為日本加油。

當日本國家女子足球隊確定奪冠時，原本身邊一直幫美國加油的人對我們說：「恭喜日本！太厲害了！」還要求要和我們握手。我們當時掛著日本國旗聲援，甚至還有人說：「請讓我們和這面國旗合照！」

光是這樣就已經夠讓人激動了，其實後頭還有個更開心的驚喜在等著我們。當天晚上我們回到家時，發現門上貼著某個東西。定睛一瞧，原來是隔壁鄰居畫的一張日本國旗，上頭還寫著：「恭喜日本奪冠！」這讓我內心充滿感激，眼淚流個不停。

事實上在那之前，鄰居絕不是態度冷淡，但我們之間除了平時的問候，彼此也沒有更積極的交流。我們家也一樣，當時並沒有刻意想要尋求更親密的互動機會。這樣的一家人，卻願意恭喜我們。隔天早上，我們到這位鄰居家道謝，從此以後就變得無話不談了。

藉由這次經驗，我重新體認到一件事：不僅是德國人，世界上的人都願意坦率的認同對手的實力。

也許因為德國是移民國家，人們認同彼此之間的差異，也願意尊重對方的文化，我再次深切的感受到這份美好；同時，在世界舞臺上獲得勝利又是多麼的有意義，這實在是值得銘記在心的寶貴經驗。

只要能在內心保持從容不迫，我想這世界就會變得不那麼封閉，變得更容易生活。

6 別人是別人，自己是自己

根據聯合國的「永續發展方法網路」（Sustainable Development Solutions Network，簡稱ＳＤＳＮ）調查資料顯示，在「世界幸福指數排行二〇二〇」中，德國位居第十七名，日本是則第六十二名。日本在Ｇ７（七大工業國組織）中敬陪末座。日本在「寬容度」（提問是「你在一個月內是否有捐款？」）和「主觀幸福感」（提問是「對於自己的人生，你感到快樂還是痛苦？」）這兩大項目中，分數都很低。

德國、日本同為先進國家，為什麼會有這樣的差別？

自己想做什麼？又該怎麼做，才能變得幸福？我再一次認為，從孩童時代、學生時代就要開始讓自己有機會思考這些問題，並且養成思考的習慣，這是很重要的。

參加求職活動時，日本人總是穿著相同的面試套裝，把面試官聽了應該會有好感的預設回答事先準備好；成為社會人士後，即使一開始還不懂得察言觀色而表達自己的想法，也因為被身邊的人責罵，之後變得不敢輕易發表意見。

在這個環境中，要讓自己心中有餘裕，思考該如何生活並不容易，但只要一點點也好，若有機會和時間思考這些問題，我相信一定能替自己帶來幫助。

我二十多歲時，第一次以日本公司的語學研修生身分前往德國，受到各式各樣的文化衝擊。

當時我住在寄宿家庭，那家人的女兒和男友就在房子的二樓同居。寄宿家庭的父母完全接受，每天所有人都圍著餐桌吃飯。

那個時代在日本，光是「同居」這件事，就會被以有色眼光看待，更別說是和對方家人一起生活，簡直不可思議。對於這非常自由的觀念，我感到很震驚。

但如果可以懷有「別人是別人，自己是自己」的想法，就能一步步圓滑的接受自己和他人的差異，不是嗎？

我剛到德國赴任時，還未產生「別人是別人，自己是自己」的想法。在日本的銀行其德國分行上班時，看到德國部屬準時下班，還會認為「明明工作還沒做完，他怎麼可以偷懶回家」，內心感到不敢相信。

直到進入邁世勒，再次親眼見識到德國人的工作方式，體會到：「德國人的高生產力，有很值得參考的部分。」這才讓我清醒過來。從此以後，我開始認同「別人是別人，自己是自己」的想法，也願意接受德國人的工作風格。

我再舉其他的例子：人才媒合服務公司「Jobbatical」誕生於北歐的ＩＴ先進國家愛沙尼亞，其服務對象是環遊世界的旅行者（global trotter）。例如，當德國的新創企業要進行人才召募，募集工程師參與即將開始的專案工作一年，無論住在世界上哪一個國家的人都可以應徵，該服務就能提供幫助。

週休二日、一天工作八小時已不再是一般的工作方式——這樣的時代已然到來。我認為，在這個越來越多元、有各種工作方式因應而生的時代，每個人為了獲得自己的幸福，無論組織或個人，都已經重新看待工作的模式。

7

六十歲前就開始準備退休

德國人氣男歌手烏多．尤爾根斯（Udo Jürgens），有一首歌曲叫做〈六十六歲〉（*Mit 66 Jahren*），在這首歌中他唱著：「人生六十六歲才開始。」順帶一提，他還有一首歌叫〈離別的早晨〉，日本樂團「Pedro & Capricious」曾在一九七〇年代翻唱過，當時大受歡迎。

在德國，雖然每家公司可能不太一樣，但規定的退休年齡通常是六十至六十五歲。不過，實際上很少有人到那個年紀還汲汲營營的工作。將要年屆退休時，德國人會自己找到接下來的生活方式，自行展開下一段人生旅程。

有些人開始深耕興趣，也有些人投入義工生活。但是也有人會到其他公司工作，或開始自己創業。不知是否因為德國的年金制度相較其他國家完善，大家都是游刃有餘的邁向第二、第三人生。

如今，日本的團塊世代（按：指一九四七至一九四九年間日本戰後嬰兒潮時期出生的人群）已經過了退休年齡，他們的下一代目前五十歲。在這個平均年齡延長的時代，「該如何度過退休後這一段不短的人生」，已經成了一個重大議題。

我們一直以來，都沿著社會上鋪好的軌道奔跑，所以當面臨退休，日常生活突然有了劇烈改變，可能有許多人為了尋找生存價值，而感到厭倦。

因此，若能先找到自己想做的事，並且提早開始準備，不就可以過上愉快的人生嗎？

日本最近普遍認為，即使不堅持在同一家公司任職到退休也沒關係，但聽說三十五歲以上要換工作，還是很不容易。一般而言，只要有熱情、有關鍵原因，在相當大的年齡範圍內，都有機會跳槽到其他公司。

我是在四十五歲時，轉職到邁世勒。我既不是從德國的學校畢業，也無法說一口流利的德語，然而在持續經營三百三十年以上的邁世勒總公司，我成為該企業的第一個日本員工。

工作與年齡、性別無關，重要的是員工目前為止做了什麼，以及能做什麼。

程式設計師這類職業或許是由年輕人來做比較好，不過許多工作原本就和年齡、上下階層沒有關係，不是嗎？

日本今後將持續邁向少子、高齡化階段，這是無可避免的事實。也有人開始討論，「高齡者」的定義要從六十五歲提高到七十歲。事到如今，我們不該嘆息：「還得工作到七十歲啊？」而要更主動的思考該如何**享受自己的生活，才能過好獨立自主的人生**。

8 任何人都能仿效的德國高效工作術

到目前為止，針對「縮短工作時間、提高生產力」，我已經介紹了許多自己的德國經驗。對各位讀者來說，是否多少有一些參考價值？在本章最後，我要再次介紹一些從明天開始，就能馬上實踐的方法。

一、與人一對一共進午餐

可能有很多上班族因為忙碌，午餐只吃便利商店的便當，快速解決一餐。但為了提高生產力，我推薦**和其他部門的人共進午餐**。

如果是二對一、三對一的聚餐，或許會因為某一方的立場堅強，而難以說出真心話，因此在雙方能順利交流前，**一對一**還是最好的。可以選擇公司附近的店家，或在公司餐廳吃午餐。

和其他部門交流的好處，不僅在於可以交換資訊，這也是個了解與自己相異價值觀的機會。老是和相同部門的人相處，就難以跳脫同溫層。為了知道自己的想法並不是一切，積極和外面空氣接觸的機會是很寶貴的。

二、讓會議的「目的」更明確

就像第二章第八節提到，德國人開會時，會議目的非常明確，有時會議目的是必須做出某個決定，有時是彼此交換、共享資訊——開會時，不妨試著重新關注會議的「目的」是什麼。

如果你的身分是部屬，開會時，發現討論的內容已偏離目的，或許可以向大家確認：「今天開會的主題是這個吧？」即使話題被岔開了，你也可以利用「回到我們今天的主題，關於削減成本……」這樣的句子，將主題給引導回來。

會議之所以被拉長，主要原因是目的不夠明確，以及沒有清楚的規畫時間。如果會議時間預定是一個小時，只要向大家宣布：「因為接下來還有其他會議，今天若討論不完，還是要在一小時內結束。」就多半能在預定時間內把會開完。

當然，光是一言不發的坐在那裡，就跟完全沒有生產力一樣，所以你要自己主動的不斷發言，讓這段時間變得有意義。

三、把「今天決定，明天執行」當作口頭禪

在工作方面，經常思考：「現在非得做這個不可嗎？」是很重要的。某些事如果隔天再做也來得及，請你偶爾刻意不在當天進行。

如果眼前有「現在可以做的工作」，我相信有些人是今天不先做好，心裡就感覺不痛快。但明天做也無妨的事，可以明天再做。

你要做的判斷，並不是「可以現在做嗎」，而是「現在應該做嗎」，這樣的決斷要是變慢了，工作就會立刻停滯不前。正因如此，或許你也可以試著把「今天決定，明天執行」這句話當作口頭禪。

四、每天寫下「三件必做的工作清單」

一開始，你可能很難順利的把工作「延後」。這時候，請你每天早上只寫下三件「今天絕對非做不可的事」。

這三件事以外的工作，就請你當作它們今天不做也可以，完成該做的工作後就準時回家。**只要讓「今天絕對應該完成的事」變得明確，那麼只要這些事都做完，準時下班就變得容易許多。**

也許你會對於，隔天再做那些決定延後的工作感到很愧疚，但只要隔天再列出三件當天非做不可的事就好。接下來的每一天，也請你都試著持續這樣做。

強制自己寫下三件必做的事，也有助於養成立即做決定的習慣。決定當天要做的事後，就要告訴自己別往後推延，立即付諸行動。例如，你可以把「寫企劃書到提案給主管」當成一個任務。只要這麼做，從做決定到採取行動的速度就會有所提升。

但有時也有例外，例如，需要構思出好創意時，讓點子在腦中沉澱到隔天反而會比較好。只要能區分應該立即做決定的事，和須深思熟慮後才能完成的事，就更可以有效率的處理工作。

五、舉行異地會議

我在第四章第九節介紹過異地會議，這雖然不是靠一個人的力量就能開成，但請你嘗試對自己的部門或團隊提案舉行。

即使不安排過夜，僅是在辦公室以外的地方開會，也有助於讓人釋放壓力，達到讓討論更熱烈的效果。開會時，也因為暫時離開了接電話這類日常業務，所以能專注在會議當中。

你可以租借飯店的會議室、咖啡廳包廂，或結合一天來回的溫泉之旅。只要選擇大家都能放鬆身心的地點，就算是平常無法提出意見的人，參加討論時也將變得更自在，說不定還能提升團隊的向心力。

六、創造變化

如果每天都只在公司、住家之間往返，因為缺乏變化，腦子就會持續僵化。這麼一來，不僅想不出新的點子，也更容易屈服於群體壓力。豈止如此，搞不好還會變成製造群體壓力的那個人。

而思考要保持彈性，就需要某種刺激。

那麼該怎麼做？早上沒什麼多餘時間，不過下班後，你可以從離家最近的車站，改走另一條和平常不同的路線，或走一條從來沒有走過的路回家，光是這樣，你可能就會發現一些新事物；到用餐時間時，不選擇去常去的小吃店，而是到鄰近車站的居酒屋，這也是一種變化。

在那些地方和不同於自己世代的人群交流，也能創造變化。這麼做，或許創意更容易在你的腦子裡靈光乍現。

七、創造自己的時間

無論是多忙的日子，就算只有一點點也好，請務必嘗試「創造自己的時間」。例如，搭車時把手機關機，製造一點遠離工作的時間。在車上，你也可以試著實踐，近年頗受矚目的正念冥想。

有家庭的人，如果可以在回家後完全不看手機、不碰電腦，享受和家人共處的時光，那是最好的。下班後到睡前，這段時間能做的事很有限，所以你更該好好珍惜。真的沒有「無論如何當天非做不可的工作」——有這樣的覺悟，你就可以過著充滿彈性的生活。

睡前冥想十分鐘；閱讀三十分鐘；平時若只沖澡，就改成好好泡澡……什麼都可以，只要創造出一段時間，來強制關閉工作和自己的連結，壓力就不容易累積。像德國人那樣散步也很好，開始學習某件事，也是一個讓你擁有自我時光的好方法。

就算只有十分鐘也行，建議你短暫的遠離工作，試著創造自己的時間。

第 6 章

德式遠距工作現狀

1 用誇張表情傳達肯定訊號

近年新冠肺炎疫情肆虐，許多人過去認為遠距工作和自己無關，現在卻突然成了刻不容緩的優先處理事項。

我以為遠距工作，只是讓原本的面對面對話轉成透過螢幕進行，沒想到實踐後，才發現會面臨到各種意料之外的問題。例如，進行線上會議時，**與會人士發言重疊**、**無法互相聆聽**，於是彼此錯失說話的時機，或畫面突然靜止（當機）。

最重要的是，我們很難知道自己的發言、意見，對方聽懂了多少。他們理解了嗎？有沒有異議，或持反對意見？我應該再多說一點？還是應該少說一點？這些面對面溝通就能了解的狀況，在遠距之下就看不明白了。

遠距溝通時，耗費的心思和苦工，並沒有國界之分，開線上會議時，我們經常會碰到以下這些問題：

一、看不見對方的表情。很難看懂整個場面的氣氛、狀態。

二、對話交疊。也就是開始講話的時間點太早，或對方還沒把話說完時就出聲，於是雙方的談話內容交疊在一起，彼此就聽不清楚。

三、線上會議結束後才突然想到要確認的事項。

首先，是「很難了解對方表情」的問題。這一點也許可以先從自己做起，試著**用稍微誇張一點的方式來做出反應**。雖說「不形於色」才是大人的應對方式，但我認為開線上會議必須誇張一些，尤其**肯定的訊號更要積極的顯露在臉上**，才能讓雙方的想法溝通順暢。

最近我也看到有人嘗試利用ＡＩ技術，將與會者的表情加以變形，讓情緒變得更加容易理解。這種嶄新的方式雖然也很有趣，但我還是認為進行遠距會議時，應由自己主動做出表情，展現出積極的態度。

另外，無論是一對一或多人會議，把對方的話聽到最後是很重要的。特別是線上會議，你是否總因為太擔心場子冷掉，就迫不急待的想要接話？

我在德國工作時，大家都認為「好好的聽對方把話說完」，是重要的基本禮儀，包含「對方說完話後，刻意等待兩秒」、「在人數較多的會議上發言時，要先舉手，等待主持人點名再發言」等，這些顧慮彼此的細節，或許也很值得你我思考。

除此之外，如果在線上會議被人提問，我會盡可能一開始就回答被問到的問題。要是回答得很委婉，或從其他事來回答問題，不僅對話不容易被理解，與會者也會很難了解你的發言內容。

更甚者，若經常「用問題來答覆問題」，會讓協議方向變得不透明，往往也造成時間的浪費。

最後，說起開會時最重要的事，還是會議主持人的發言分配。

在公司開會時，包含董事會議、高層會議等正式場合，經常會指定主持人。另一方面，像部門會議這種內部集會，多半是先由上位者開始發言，接著才是討論、報告。

遠距會議比起實體會議，有更多要臨場發揮的狀況。例如，「我忘記確認了！」為了避免與會者放這種馬後砲，並且在有限的時間內提升開會效率，主持人必須盡可能敦促多方發言，同時努力讓討論依照會議目的進行，以免聊到迷失了方向。

無論如何，為了順利引導會議方向，還是應該重視主持人的角色。在日本，人們表達意見時總要思考上下關係、多方揣測，因此為了讓發言多元，同時深化議題討論，主持人的職責不容小覷。

2 一週安排一小時，全公司在線上亂聊

在這節，我不談論遠距工作的技術面，而是專注聚焦於心靈層面。改為遠距工作後，最感困惑的就是新加入團隊的成員。以學校來說，是剛入學的學生，以公司來說，就是新進員工（轉職進公司的員工也算）。

就算確定被錄用了，他們也沒有實際進辦公室上班，在缺乏實際感受的狀況下，該如何保持工作動機？沒看到同事的臉、也不知道他們的名字，就算是同期進公司，也不了解誰是和自己同期的員工。

原本的員工不僅已經認識公司內部的成員，也很熟悉工作如何進行，該在什麼時候跟誰接觸才好，他們也都瞭然於心。因此，當工作方式改為遠距辦公時，這些人相較於新進員工，心理壓力不會那麼大。然而，對新進員工來說——尤其

是年輕世代的人身上，那份壓力會有多麼巨大，可能超乎你我的想像。

實際上，有些企業的新進員工離職率因新冠肺炎而提高，我身邊也看到不少這樣的案例。這應該是因為他們感受到沒有希望、無法預期的孤獨，而且時間還長達數個月。

在遠距工作的情況下，公司的主管或前輩，更應該重視與新同事交流。但不須進行深入的對談，只要說：「還好嗎？你在做些什麼轉換心情？」或「如果工作上遇到瓶頸，或有什麼煩惱，都一定要告訴我。」這些話就好。

積極應對疫情的企業不在少數，我也常聽到有公司以「遠距工作相關經費」的名義，特別提供津貼給員工。不過，針對年輕世代，金錢雖然也很重要，但在溝通上提供密切的關懷，更是不容忽視的關鍵。

當然，這樣溝通的必要性，並不是因為遠距工作的出現，才顯得特別重要。平時我們就該輕鬆的彼此搭話，尤其主管對部屬的問候更該如此。不只聊工作，即使是若無其事的交談也可以。也許經歷了新冠疫情後，我們對於和部屬閒聊的重要性，才重新有所體悟。

對於關心同事這件事，也有案例是將它作為公司的經營方針來執行。

據說，德國某家大型企業在員工遠距工作時，會每週安排一次一小時的休息時間，這時員工會把鏡頭打開，大家暢所欲言、盡情聊天。活動雖然是在上班時間進行，但沒有強制規定每個人都要參加，不過仍有許多同事參與。

果然，閒聊是人際關係的潤滑劑，新冠肺炎疫情或許讓人重新看見閒聊的效用。現在有許多只靠麥克風來聊天的社群媒體，也正在普及化。即使只有聲音，也能充分發揮閒聊的效果，各位可以試著挑戰。

此外，如果是實體會議，我們會在開會前後接觸與會者，詢問：「現在方便說話嗎？」藉以補足會議時討論得不夠充分的地方，但改成線上會議後，就很難做到這件事。

所以，過去我們總覺得電話是上個世代的溝通工具，如今卻經常使用它來彌補溝通的不足。實際上，電話似乎發揮了非常卓越的效果。例如，原本疫情前一週一次的會議，用線上進行可以來到一週三次；或能每週和部屬進行個別的線上面談。

關於遠距溝通，我已經寫了許多用得到的小技巧，不過最大的難關，應該還是建立新關係。

我聽到許多人都說，要透過遠距方式來建立新的信賴關係非常困難。例如，在線上開發新客戶就不是一件容易的事。

在這個狀況下，我們不該突然跑去敲客戶的門，而是要比過去面對面拜訪，事先更加用心收集對方的資訊。

3

除了重要會議，孩子出現在鏡頭前也無妨

遠距工作時，運用時間的方式雖然會因業務種類、業務形態、被交辦的任務而截然不同，不過在德國，人們認為工作和私人生活之間要能取得平衡。每個人取得平衡的方式不盡相同，但重要的是，人們各自以被要求的成果為目標工作。

當人們採取遠距辦公的方式時，同時也出現各種考勤管理軟體，用來確認員工的實際工作狀況。而德國人因為重視個人隱私，所以這樣的管理機制並不容易普及。在那之前，德國人的生存方式無論好壞都是獨立自主的，每一項任務都劃分得很清楚，所以工作成果的評價也很明確。

我有一位德國朋友，總是在工作中思考、閱讀文件和書籍，還會放鬆的坐在

客廳沙發來度過上班時間。遠距開會時，他當然不允許小孩出現在畫面上，不過在自家工作時，即使孩子靠了過來，他也不會刻意冷淡對待；我也曾遇過，休產假的女同事帶著孩子到辦公室介紹給同事，這並不是什麼稀奇的事（見第一章第八節）。當時身邊的人也都溫暖的迎接寶寶，那瞬間，職場的氣氛變得好融洽。

德國人絕對不是「只要拿得出成果，做什麼事都無所謂」，但對於時間的運用方式，他們總能在生活和工作之間取得平衡，並且各自獨立應對。

4

主管的指示變得更加周到而細膩

面對新冠肺炎疫情，也是讓人重新檢視工作團隊合作模式的機會。受疫情的影響，當人們難以面對面溝通時，若想發揮團隊合作精神，並保持高生產力，該怎麼做才好？各位都是怎麼下苦功的？

在新冠疫情時代，遠距工作模式下的團隊合作重點如下：

- 更加重視針對目標達成（Output）的評價。
- 更明確的釐清每個人的任務。
- 盡量不讓彼此的資訊量產生落差。
- 建構人力後援機制，當員工突然因病缺席時，也能迅速提供協助。

・來自主管的指示必須更加個別具體，並給予個人特定任務。

一直以來，許多日本企業會提出營業額等，可用數字呈現的定量評價，以及定性評價——短期無法以數字呈現，但中長期來看，對做出實績有所貢獻。

如果變成遠距工作模式，定性評價會變得困難，所以人們就順勢將更多目光聚集在定量評價上。突然結構性的改變評價方式、評價體系，並不是一件容易的事。如果要改變，定量評價和定性評價之間，又該如何取得平衡？

為了順利透過定量指標評估績效，須讓每項任務更加明確。接著，後援機制也必須先精心打造，這一點很重要。在辦公室上班，就算遇到緊急狀況（例如同事突然請假），一定程度可藉由默契來隨機應變，但遠距上班時，就難以做到。

我也要特別強調：盡可能弭平團隊成員之間的資訊落差，是一件格外重要的事。儘管因職階、職責內容的差異，同事之間難免存在資訊不均等的問題，但例如正式員工、約聘員工身處同一支團隊，實質上執行同樣的業務，我們仍然必須留意不讓資訊量偏向正式員工那一方。資訊落差，就是拉低工作動機的代表性主因，請你一定要留意。

根據我的經驗，以及在德國的朋友提供的訊息，前面我提到的五個關鍵，德國人多半在疫情肆虐前就已經做得很好。如果硬要說德國人因為疫情做了什麼改變，我想應該是主管的指示變得更加周到而細膩。

換個角度來看，不得不遠距工作的狀況，其實對企業來說，這也是一個重大的變革機會。例如，運用雲端服務讓資訊共享更有效率，並且嘗試簡化業務，或許是一口氣提升生產力的好辦法。

站在日本的角度思考，也許企業還更能發揮原本就有的強項。前陣子，我聽到一位德國朋友說：「我對日本企業的某個習慣刮目相看。」他說的那個習慣，竟然是每封電子郵件都寄副本。

我在前面的章節曾提過，自從在德國工作後，就常聽到德國人說：「日本人不會過濾寄副本的對象，有些人其實不需要寄也沒關係。」在德國，溝通主要以面對面為主，所以須寄送副本的狀況很少，實際上信件也不太會被副本收件人閱讀。儘管日本有日本做事的脈絡，但我也覺得副本欄位裡的名字還真多。

然而，當工作轉為遠距模式，為了讓團隊工作更加順利，也為了慎重起見，我開始認為寄副本確實有其必要性。

5 疫情後，預計有二七%的人選擇偶爾在家工作

對於因新冠肺炎疫情而長期遠距工作（含部分遠距），德國人給予怎麼樣的評價？

德國企業「Bitkom Research」從二〇二〇年十至十一月，針對一千五百零三名十六歲以上的上班族進行電話調查（Bitkom「Mehr als 10 Millionen arbeiten ausschließlich im Homeoffice」），結果如下（參考下頁表格）。

在新冠肺炎疫情開始以前，「專職在家工作」的人不超過三%，加上「偶爾在家工作」（一五%）的人數，合計也不超過一八%。

現在疫情肆虐，這項數據已經攀升到二五%和二〇%，合計為四五%，可見幾乎一半的人，目前正以遠端的模式處理工作。

德國遠距工作現況、意識調查

	新冠肺炎肆虐前	新冠肺炎肆虐中	新冠肺炎疫情結束後（預測）
專職在家工作	3%	25%	8%
偶爾在家工作	15%	20%	27%
合計	18%	45%	35%

關於在家工作的問卷調查（德國 Bitkom Research 調查）。
出處：Bitkom「Mehr als 10 Millionen arbeiten ausschließlich im Homeoffice」。

德國的勞動人口約為四千五百萬人（二〇一九年／德國聯邦統計局資料），雖然這樣計算有些粗糙，但如果二五％這個數據直接套用在總體人數，那就是一千萬人以上。那麼，疫情結束之後又會如何？

根據該公司的預測，認為接下來會有八％的人選擇「專職在家工作」、二七％的人選擇「偶爾在家工作」。順帶一提，回答者中有七四％的人，對於「在家工作未來應該會成為普遍現象」抱持肯定的態度。也有人認為，交通流量的減少，對於氣候變化也有一定程度的影響。

關於「你的生產力是否因遠距工作而提高了？」這個問題，有二三%回答「顯著提高了」，三四%回答「某種程度提高了」，將近六成的人都認為，生產力有所提升。

不過，對於「我們應該把遠距工作當作義務嗎？」這個問題，人們的意見卻有了分歧。即使在疫情肆虐期間，也只有約莫一半的人抱持積極態度，認為遠距工作必須成為義務。

同一份調查中，也針對在家工作的優點、缺點提問，約有八〇%的人認為優點是「沒有通勤壓力」、「可以減少通勤時間」。

令人玩味的是，「不必被同事打擾」這個優點也有將近三成的人選擇；另一方面，有五五%的人認為「跟同事的接觸變少」是缺點，也就是說，雖然可以免於跟不喜歡的同事接觸，但跟喜歡的同事接觸也受到了限制，感覺真是困擾。

無論如何，德國不僅是工作者本身花心思在遠距上，作為一個國家，也以各種形式支援員工進行遠距辦公。

此外，如果孩子的托兒所、幼稚園因為封城而關閉，使得大人必須在家照顧孩子，也有一些公司採取不同的措施，在一定的條件下特別提供父母有薪假。

儘管如此，我們要面對的課題依然堆積如山。「在家工作時發生意外，適用於勞災法規嗎？」、「關於相關支出，公司要義務負擔到什麼程度？」諸如此類，問題不勝枚舉。

從環境面、提高生產力的觀點來看，也從時代趨勢來思考，在新冠肺炎疫情結束後，我相信包含在家工作的新的工作型態，會比疫情之前發展得更加穩定。

回過頭來看，日本又是如何？

二〇二一年一月，日本智庫「日本生產性本部」向一千一百個人進行網路調查（「第四次勞動者的意識調查」），發現實施遠距工作的比例約有兩成。單看這個數字，雖然很難和德國數據比較，不過看來日本在遠距工作方面，還有很大的進步空間。

當然，這是有原因的。「業務內容原本就不適合遠距」、「對於公司的歸屬感強烈」、「對面對面溝通才感到信任」……確實，這些理由都有它的說服力，因應不同的業務種類、業務形態，也有相當多公司無法適應遠距工作的形式。

儘管如此，日本在未來，人口會大幅的減少，生產力必須比過去有更顯著的提升。現今和二十年前相比，時代已變得不同，總人口數卻沒有太大的變化。然而，從今天開始往後推二十年，人口必定會顯著的減少（國立社會保障、人口問題研究所資料顯示，二〇四〇年的總人口數可能降至一億一千萬人）。

要提高生產力，我們不該只是讓勞動投入更有效率，也需要另一種觀點：藉由效率化產生的餘力，確認自己還能提升多少的附加價值。

為了達到這個目的，我希望眾人能將因疫情不得不遠距上班的情況，當作改變工作方式的轉機，朝向成果豐碩的未來。

結語
獨自幸福的時代，德國人早就辦到了

德國的人口有八千三百多萬人（二〇一九年數據）。光以人口數來說，這就是不久後日本會有的模樣。

日本的人口在二〇一九年，約有一億兩千六百萬人，但根據國立社會保障、人口問題研究所的資料顯示，二〇六五年將會減少至八千八百零八萬人（二〇一七年四月資料）。因此制定少子、高齡化的因應對策，是眼前刻不容緩的事。

然而，在思考如何因應前，我認為還有另一件事需要思考。說得誇張一些，這件事關乎個人的幸福。

在戰後經濟復甦時期，社會的發展和個人的幸福相互連結。但現在都已經二十一世紀，難道社會的成功還像過去那樣，依然與個人的幸福有關嗎？

現在，應該是每一個人都要思考獨自幸福的時代。透過重新審視自己的生活方式，並且思考獨立自主，或許就能找到將來的幸福。

再次檢視工作方式，不僅可以重新審視目前為止的生活方式，也是一個找到屬於自己幸福的機會。你的人生核心，就是自己。不該被公司綑綁，而是為了摸索出自我風格的生活方式，來進行改革。

也可以這麼說——提高生產力，並不是聚精會神的工作才得已實現的結果，反而是工作的人們心中有了餘裕，創造出自我時間，結果生產力就自然的往上提升了。我一直都是這麼覺得的。

在這層意義上，我認為德國可以作為參考。

我們能藉由自己思考、自己選擇，歌頌自己擁有六週的假期，和家人團聚享用晚餐，擺脫群體壓力的束縛，獲得旁人無法比擬的自我幸福。只要不再被群體壓力綑綁，自由度增加了，也就一定能自然的發想創意。

我作為日本人看待自己的國家，覺得日本人不但有禮貌，也有顧慮他人的體貼性格。細膩到位的服務，依然非常令人激賞；而德國人心中的日本人印象，一言以蔽之就是「規律正確」。時間要求嚴謹、找零不糊弄客人，不但值得信賴，更是乾淨整潔、待人親切。這就是德國人對日本人的評價，恐怕除了德國之外，任何國家都是這樣給予肯定的吧？我認為，日本人應該更有自信才是。

對於正面臨少子、高齡化的日本來說，發展科技、強制性控管加班時間，絕對不是足夠有力的答案。

提高工作的生產力，也是為了以少數人口支持國家必須做的事。只要從現在開始讓生產力提升，即使人口以出人意料的速度急遽減少，或許還是可以應對。

如果每一個人的生產力都提高了，時間會出現餘裕，就能變得更幸福。為了這樣的幸福，我們應該試著從微小的改變做起，改變行動和思考，不是嗎？

Biz 391

德國人沒那麼愛工作

德國製造的細節與德式幸福的祕訣──高效率的思維，竟是從「我今年要何時休長假」開始規畫……。

作　　者／隅田貫
譯　　者／黃立萍
校對編輯／蕭麗娟
美術編輯／林彥君
副 主 編／馬祥芬
副總編輯／顏惠君
總 編 輯／吳依瑋
發 行 人／徐仲秋
會計助理／李秀娟
會　　計／許鳳雪
版權專員／劉宗德
版權經理／郝麗珍
行銷企劃／徐千晴
業務助理／李秀蕙
業務專員／馬絮盈、留婉茹
業務經理／林裕安
總 經 理／陳絜吾

國家圖書館出版品預行編目（CIP）資料

德國人沒那麼愛工作：德國製造的細節與德式幸福的祕訣──高效率的思維，竟是從「我今年要何時休長假」開始規畫……。／隅田貫著；黃立萍譯.
-- 初版. -- 臺北市：大是文化有限公司，2022.04
240 面；14.8×21 公分 . --（Biz；391）
譯自：ドイツではそんなに働かない
ISBN 978-626-7123-00-3（平裝）

1. 職場成功法　2. 工作效率　3. 德國

494.35　　111001027

出 版 者／大是文化有限公司
臺北市 100 衡陽路 7 號 8 樓
編輯部電話：（02）23757911
購書相關諮詢請洽：（02）23757911 分機 122
24 小時讀者服務傳真：（02）23756999
讀者服務 E-mail：haom@ms28.hinet.net
郵政劃撥帳號：19983366　戶名：大是文化有限公司

法律顧問／永然聯合法律事務所
香港發行／豐達出版發行有限公司　Rich Publishing & Distribution Ltd
地 址：香港柴灣永泰道 70 號柴灣工業城第 2 期 1805 室
Unit 1805, Ph.2, Chai Wan Ind City, 70 Wing Tai Rd, Chai Wan, Hong Kong
電 話：21726513　傳 真：21724355
E-mail：cary@subseasy.com.hk

封 面 設 計／林雯瑛　內頁排版／吳思融
印　　　刷／鴻霖印刷傳媒股份有限公司
出 版 日 期／ 2022 年 4 月初版
定　　　價／ 380 元（缺頁或裝訂錯誤的書，請寄回更換）
I S B N／ 978-626-7123-00-3
電子書 ISBN／ 9786267041987（PDF）
9786267041994（EPUB）